만점을 위한

1등노트
필기

초등3-2
사회편

교과서와 노트만으로 100점 맞는 법

만점을 위한 1등 노트 필기
: 초등 3-2 사회편

1판 1쇄 발행   2010년 9월 20일

집필	강승임 · 김주희
기획	이봉순
편집	디박스
디자인	디박스
일러스트	강은옥(blog.naver.com/hayama84)
발행인	이연화
발행처	아주큰선물

주소	서울시 용산구 이촌동 한가람 Ⓐ 214-1002
대표전화	02-796-7411
대표팩스	02-796-7412
등록번호	106-09-23890

교과서와 노트만으로 100점 맞는 법~

만점을 위한 1등노트필기

초등3-2 사회편

강승임, 김주희 공저

아주큰선물

 **머리말** 우리 아이 사회 100점 공부법~
노트 필기로 하나씩, 천천히, 확실히!

3학년부터 배우게 되는 '사회!'

보통 엄마들은 아이에게 어떻게 사회 공부를 시킬까요?

여기에는 크게 두 가지 방법이 있어요.

첫 번째는 무조건 외우게 하는 거예요. 예나 지금이나 사회 과목은 '정말로' 암기 과목이니까요. 교육과정이 바뀌기는 했지만 그 사실은 변함이 없어요. 개념이나 용어, 학습 제재를 꼭 외워야 하고, 구체적인 자료나 근거들도 꼼꼼히 외워야 해요. 만약 교과서를 통째로 외운다면 분명 높은 성적을 받을 수 있을 거예요.

두 번째는 무조건 문제를 많이 풀게 하는 거예요. 아이 입장에서는 처음 사회 시험을 보는 것이기 때문에 문제를 많이 풀어 유형을 익혀야 당황하지 않고 수월하게 시험을 치를 수 있을 것 같아서이지요. 만약 적어도 각 소단원별로 50문제 이상 푼다면 마찬가지로 분명 높은 성적을 받을 수 있을 거예요.

그런데 둘 다 아이의 바람직한 학습 습관, 효율적인 시험 준비 습관을 들이기에는 2%가 부족해요. 그렇다면 무엇이 빠진 걸까요? 바로 노트 필기지요!

노트 필기 없이 암기를 하는 건 사실 불가능해요. 미리 중요한 내용과 덜 중요한 내용을 구분하여 깔끔하게 정리한 다음, 핵심 단어 중심으로 암기를 해야 빠르고 정확하게 암기할 수 있으니까요. 그리고 노트 필기 없이 문제를 푸는 건 비효율적이에요. 암기가 되지 않았으니 틀렸던 문제는 또 틀리게 되고 맞았던 문제도 순간 헷갈려 틀리게 되지요.

　그러면 3학년들은 어떻게 노트 필기를 하는 것이 좋을까요? 노트 필기에도 단계가 있어요. 처음 노트 필기를 하는 아이들은 일단 교과서를 요약하는 능력부터 기르면서 그 내용을 정리해야 해요. 요약조차 되지 않은 아이들이 내용을 도표화하거나 여러 가지 색깔로 꾸미는 것은 힘들뿐만 아니라 노트 필기의 핵심을 간과하게 할 수 있지요. 3학년 2학기 사회 노트 필기의 핵심 역시 교과서의 요약·정리랍니다!

　사회 공부를 처음 시작하는 것이니만큼 욕심 부리지 말고 차근차근 단계별로 가장 좋은 방법들을 적용해 나가야 해요. 그럼 아이가 고학년이 될 때쯤 자기만의 노트 필기 법을 찾아내어 혼자서도 사회 공부를 척척 하는 기특한 아이가 되어 있을 거예요.

강승임, 김주희

목차

3장. 사회 교과서 완전정복 만점 노트 필기

1장

사회 만점을 위한
가장 좋은 노트 필기법

1학기 때 노트 필기를 통해 사회 공부를 한 친구들은 어느 정도 습관이 잡혀 사회 공부가 그리 힘들지 않을 거예요. 그런데 아직 필기 습관이 들지 않은 아이들은 사회를 어렵고 귀찮은 공부라고 생각할 수 있지요.

그렇다면 다시 노트 필기에 도전해 보세요. 급하다고 문제만 잔뜩 풀기보다 언제나 처음의 마음으로 기초부터 재검토하고 다지는 것이 매우 중요합니다. 그럼 사회 노트 필기의 장점과 방법부터 알아봅니다.

1 노트 필기를 하면 좋은 점이 많아요!

3학년부터 하는 공부는 제대로 된 공부여야 해요. 과목 수도 많아지고 내용도 어려워지기 때문이지요. 그래서 필기 습관을 들이지 않으면 점점 더 사회 과목과 멀어지게 될 거예요. 어렵고 복잡하면 누구나 공부하기가 싫어지니까요.

게다가 요즘에는 학교 수업 시간에 대부분 필기를 하지 않기 때문에 집에서 시간을 정해 노트 정리를 해야 합니다. 정해진 시간에 정해진 공부를 하는 것이 자기주도적 학습 습관을 기르는 데도 매우 큰 도움이 된답니다.

 ## 사회 노트 필기의 좋은 점

1 많은 내용을 한눈에 알아볼 수 있어요.

2 노트 필기를 하면서 교과서를 다시 한 번 보게 되니 내용 이해가 더욱 쉬워져요.

3 내용을 요약하고 체계적으로 정리하는 습관을 기를 수 있어요.

4 새로운 용어와 개념을 정확히 말하고 쓸 수 있어요.

5 사회 시험공부를 할 때 좀 더 쉽고 빠르게 그 내용을 암기할 수 있어요.

2 3학년 노트 필기의 핵심을 알아야 해요!

노트 필기의 기본 원칙은 교과서 내용을 있는 그대로 요약하고 정리하는 거예요. 1학기 때 이미 이 부분에 중점을 두어 노트 필기를 했다면 이제 좀 더 체계적인 정리에 신경을 써 봅니다.

내용을 정리할 때는 학습목표와 학습 제재를 중심으로 하는 것이 좋습니다. 학습활동 위주로 되어 있는 제재 학습 중심으로 관련된 내용을 묶어서 정리해 두는 것이 좋지요.

 ## 사회 노트 필기의 핵심

1. 학습목표를 알고 순서대로 정리해요.

2. 제재 도입 글에서 해당 소단원의 전체 내용과 중심 제재들을 파악해요.

3. 교과서 본문에서 중심 제재들과 관련된 내용을 찾아 중요한 것 순서로 요약 정리해요.

4. 지도, 도표, 그래프 등을 풍부하게 활용해요.

5. 지도, 도표, 그래프를 어떻게 읽고 해석하는지 반드시 적어 두어요.

3 3학년을 위한 초간단 노트 필기법이 있어요!

0 준비물 갖추기

노트 필기를 하려면 노트와 필기도구가 필요해요. 어떤 준비물이 있어야 하는지 다음을 참고하세요.

🌹 사회 노트

줄 간격이 너무 좁거나 넓은 노트는 피해요. 줄 간격이 8mm 내외이고, 한 쪽에 27줄 정도 있는 노트가 적당해요. 너무 얇아서 뒷장이 훤히 비치는 노트는 적합하지 않아요.

🌹 필기도구 – 연필, 지우개, 빨간색 펜, 자

연필, 지우개, 두세 가지 다른 색깔의 펜, 형광펜 등을 준비합니다. 20cm 이하의 투명한 직사각형 자도 준비해야 합니다. 표를 그릴 때 칸을 정확히 나눠야 하기 때문에 모눈종이처럼 눈금이 표시되어 있으면 더욱 실용적이지요.

🌹 사회 교과서

노트 필기는 교과서 내용 정리를 원칙으로 하기 때문에 교과서가 있어야 합니다. 만약 선생님이 필기를 해 준다면 그 내용을 그대로 베껴 쓰면 되고, 그렇지 않다면 수업 시간에 공부한 내용을 교과서에 표시해 두었다가 노트에 정리해요.

🌹 전과나 백과사전

노트 필기를 하다가 내용이 부족하거나 이해하기 어려운 부분이 나오거나 교과서 문제의 답을 확실히 모른다면 꼭 전과나 백과사전을 참고하여 정확히 정리해 둡니다.

1 제목 쓰기

자, 이제 본격적으로 노트 정리를 해 볼까요? 가장 먼저 제목을 써야 합니다. 3학년 2학기 사회 교과서를 보면 3개의 대단원이 있고, 각각의 단원에 4개의 제재가 속해 있습니다. 대단원 제목과 제재 제목은 다음과 같이 적어 봅니다.

❶ 대단원 제목 쓰기

대단원 번호는 로마자(Ⅰ, Ⅱ, Ⅲ, …)로 적어 봅니다. 제목은 큼직하게 쓰고, 사인펜이나 형광펜으로 뚜렷하게 꾸며 주세요. 그리고 교과서에 나온 표를 참고로 대단원과 제재의 관계를 그려 봅니다.

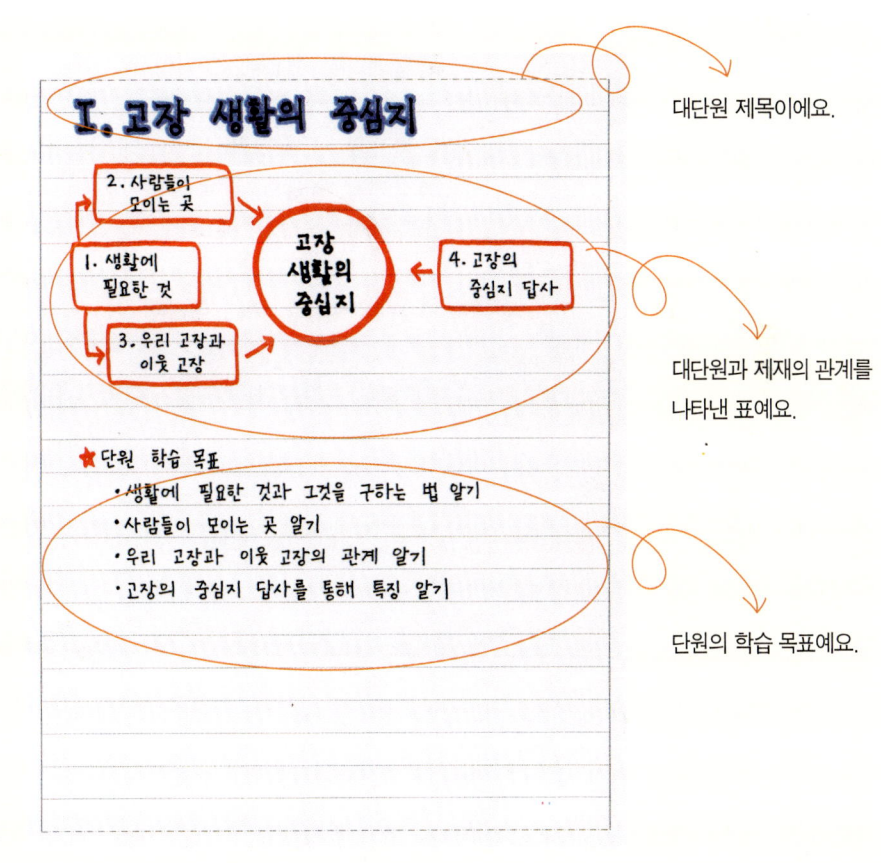

대단원 제목이에요.

대단원과 제재의 관계를 나타낸 표예요.

단원의 학습 목표예요.

❷ 제재 제목 쓰기

제재 제목과 본문 내용은 적절히 들여쓰기를 합니다. 그래야 답답하지 않고 깔끔하여 한눈에 쉽게 알아볼 수 있습니다. 제재 번호(1, 2, 3, …)와 제목은 두 칸에 큼직하게 씁니다.

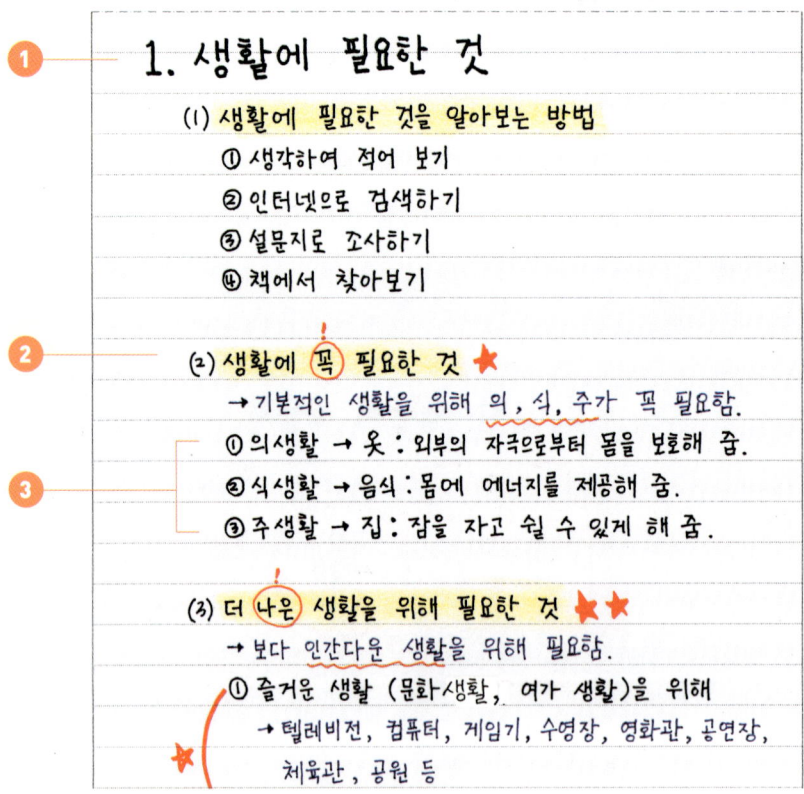

❶ 제재 제목은 1cm 정도 들여쓰기를 합니다.

❷ 각 단락의 소제목은 2cm 정도 들여쓰기를 합니다.

❸ 본문 내용은 3cm 정도 들여쓰기를 합니다.

2 교과서 내용 정리하기

제목을 썼으면 그 아래 교과서 내용을 정리해야 해요. 여기에는 크게 두 가지 방법이 있어요. 기본적이고 중요한 것부터 순서대로 번호를 붙여 정리하는 방법과 표로 정리하는 방법이에요.

❶ 번호를 붙여 정리하기

먼저 제재 도입 글에서 어떤 내용을 공부하는지 알아봅니다. 그 다음 활동 문제를 참고하여 학습 내용을 구체적인 질문으로 바꿔 각 내용을 포괄하는 핵심 어휘를 소제목으로 써요. 마지막으로 소제목을 설명하고 뒷받침하는 내용을 번호를 붙여 차례대로 간단히 정리해요.

❶ 활동 문제의 핵심 어휘를 찾아 제목으로 써요.

❷ 제목 아래 그와 관련된 내용을 간단하게 정리해요. 개념, 이유, 좋은 점, 문제점, 방법, 특징 등이 있어요. 각각의 내용은 순서대로 번호(①, ②, ③, …)를 붙여요.

❸ 예시 및 보충 설명을 덧붙여야 하면 색깔펜으로 써요.

❷ 표로 정리하기

어떤 기준에 따라 내용을 비교하거나 대조하는 경우에는 표로 정리해요. 장점과 단점을 비교하거나 옛날과 오늘날의 변화된 모습을 비교하거나 지역 및 나라 간에 특성을 비교하는 등의 내용이 있어요.

비교해서 정리해 두면 헷갈리는 내용을 정확히 구분하여 암기할 수 있답니다.

(3) 이동 수단 비교 ★

구분	장점 및 이용 이유	단점
자전거	· 연료 없이 이용 가능 · 조작이 쉬움.	· 큰 물건 옮기기 힘듦. · 사람의 힘으로 움직임.
승용차	· 이동이 편리함. · 작은 물건을 옮길 수 있음.	· 연료 없으면 이동 불가능 · 길이 없는 곳은 못 다님.
버스	· 많은 사람들이 편리하게 이용	· 좁은 길은 다니기 힘듦.
기차	· 많은 사람들과 물건을 옮길 때 편리	· 철도가 있는 곳에서만 이용
지하철	· 도시에서 많은 사람들을 한꺼번에 이동	· 전기가 끊어지면 이용 불가
배	· 하천 및 바다에서 많은 물건 옮길 때 편리	· 날씨가 좋지 못하면 이동 불가
비행기	· 많은 양의 물건이나 사람을 가장 빠르게 옮김.	· 가격이 비쌈. · 날씨 영향 많이 받음

❶ 비교 대상을 씁니다.

❷ 비교 기준이나 항목을 씁니다.

❸ 비교 내용을 간단하게 정리합니다.

3 중요한 것 표시하기

수업 시간에 선생님이 강조한 내용이 있지요? 그게 바로 시험에 꼭 나오는 문제랍니다! 노트 필기를 할 때 바로 그 내용에 중요 표시를 해야 해요. 그래야 완벽하게 암기할 수 있으니까요. 중요한 부분을 표시할 때는 색깔펜이나 색연필, 형광펜 등을 씁니다.

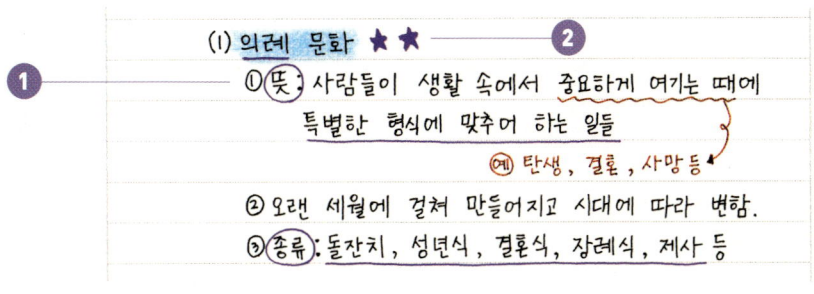

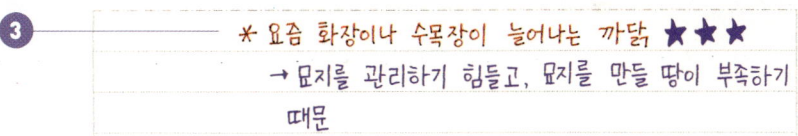

❶ 뜻풀이나 중요한 어휘에 밑줄을 그어 두면 암기할 때 효과적이에요.

❷ 중요도에 따라 별표를 해 봅니다.

❸ 서술형 문제로 나올 가능성이 매우 높은 내용은 별 3개로 표시하거나, 아예 빨간색 펜으로 적어 둡니다. 의미, 가치, 장단점, 이유, 관련성, 주요 사례에 관한 내용은 중요하므로 반드시 뚜렷하게 표시도 하고 외워도 봅니다.

4 참고사항 덧붙이기

필기를 하다 보면 주 내용에 덧붙여 알아 두어야 하는 사항이 있어요. 내용을 더 잘 이해할 수 있도록 돕기 때문에 여백을 활용해 적어 둡니다.

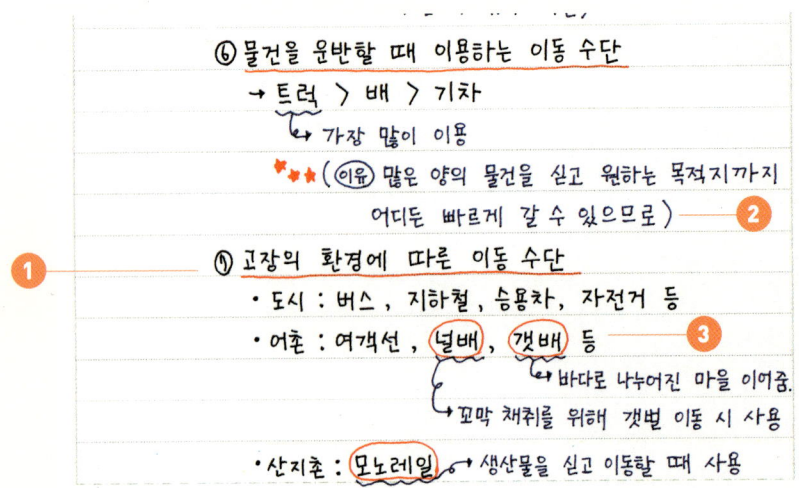

❶ 알아 두어야 하는 내용을 밑줄 그은 내용 아래 써요.

❷ 교과서에 나와 있지 않은 이유, 예시, 방법 등을 덧붙여요.

❸ 쓰임이나 개념 등도 덧붙여 적어 두어요.

5 그래프 그리기

그래프란 통계표에 기록된 수치를 막대, 직선, 곡선 등으로 나타낸 표입니다. 그래프를 통해 조사된 것의 많고 적음이나 변화하는 모습을 한눈에 알 수 있습니다. 이 중 막대그래프는 항목의 크기를 비교할 때 사용됩니다.

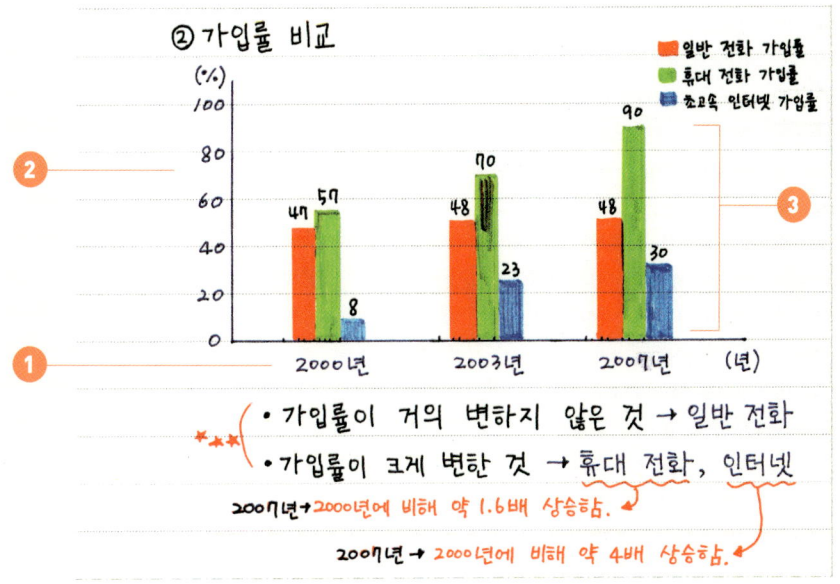

❶ 가로선과 세로선을 그은 뒤 가로축에는 보통 비교 대상이 되는 항목들을 같은 너비로 적어요.

❷ 세로축에 같은 간격으로 일정하게 눈금을 표시한 뒤 수를 써요.

❸ 마지막으로 각 항목에 해당하는 수를 막대로 표시한 뒤 해석한 내용도 덧붙여요.

★ 꼭 주의해요!

그래프를 분석할 때는 가장 수가 적은 항목과 많은 항목을 찾아보고, 그 이유도 생각해 봅니다.

6 도표로 정리하기

도표란 내용을 단순화시켜 그림으로 나타낸 표입니다. 복잡한 내용을 단순하게 표현하여 쉽게 이해할 수 있도록 해 주지요. 특히 두 가지 이상 항목 사이의 관계를 나타내거나, 순서 및 절차를 표현할 때, 어떤 일의 인과관계를 나타낼 때 유용해요.

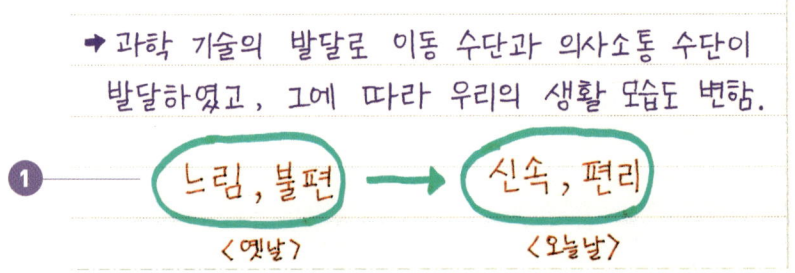

❶ 한 항목에서 다른 항목으로 이동하거나 다음 단계로 간다는 내용을 표로 나타낼 때 화살표(→)를 사용해요.

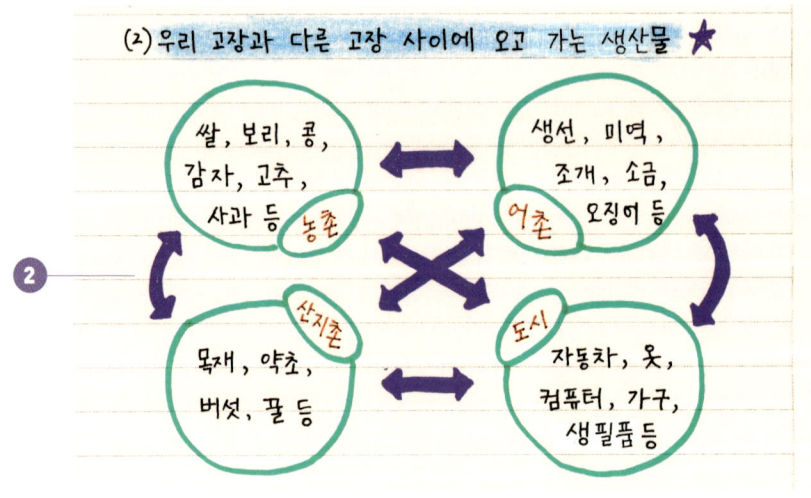

❷ 두 항목 간의 관계나 상호 교류의 내용을 나타내려고 할 때 쌍방향 화살표(↔)를 사용해요.

7 오답 노트 정리하기

문제집을 풀거나 시험을 본 후 채점을 하고 나면 틀린 문제가 있을 거예요. 시험이 끝났다고 그냥 넘겨 버리거나 한 번 쓱 보고 지나가 버리면 다음에 이 문제가 나왔을 때 또 틀릴 확률이 매우 높아요. 이를 해결할 수 있는 방법은 오답 노트를 정리해 보는 것입니다.

틀린 문제, 헷갈리는 문제, 여러 가지 지식을 활용해서 풀어야 하는 문제는 꼭 정리해 봅니다. 그러다 보면 자연스럽게 서술형 시험도 대비할 수 있어요.

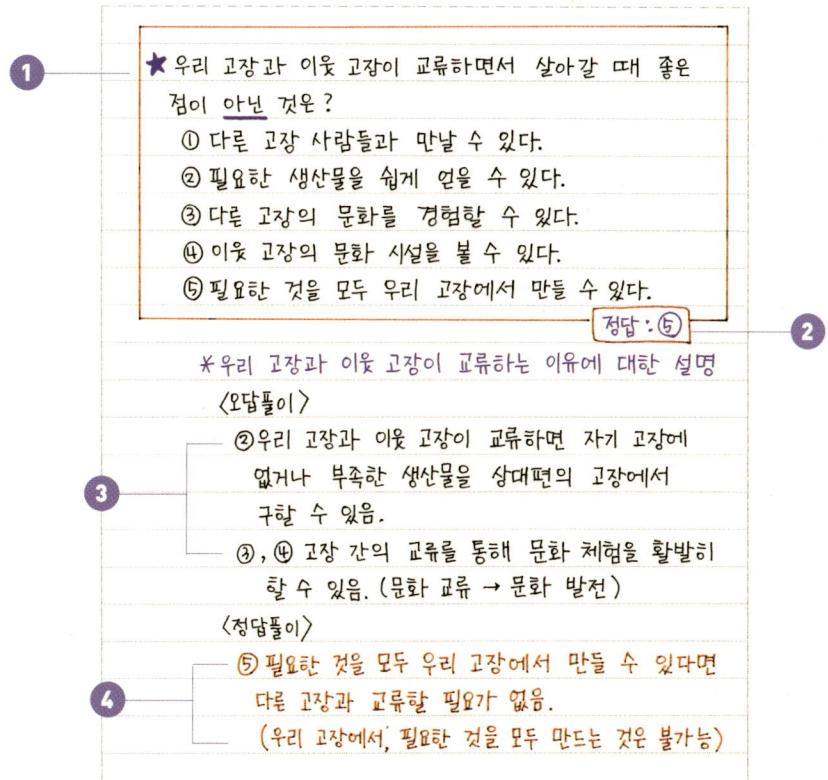

❶ 틀린 문제를 오려 붙이거나 노트에 똑같이 옮겨 적어요.

❷ 빨간색 펜으로 답을 선명하게 적거나 표시해요.

❸ 오답풀이에 왜 답이 아닌지 적어요.

❹ 정답풀이에 왜 답인지 적어요.

2장

사회 만점을 위한
단 하나의 공부법

사회 공부를 하는 가장 확실한 방법은 교과서와 노트를 달달 외우는 거예요.

문제를 많이 푼다고 잘 볼 거라고 기대했다가는 결국 실망만 할지 몰라요.

정확하고 꼼꼼한 암기만이 시험을 잘 볼 수 있는 으뜸가는 비결이랍니다.

그렇다면 어떻게 잘 외울 수 있을까요? 교과서를 '제대로' 읽고, 노트 필기를 활용하여

외우면 돼요. 이제 그 구체적인 방법을 살펴볼 거예요. 순서를 지켜 따라 하다 보면 누구나

사회 공부를 잘할 수 있답니다.

1 사회를 공부하면 좋은 점이 많아요!

대부분의 아이들이 사회를 어려워하는 건 확실해요. 어려운 낱말도 많고 외울 것도 많기 때문이지요. 그래서 아예 사회 공부하는 걸 포기하는 친구들도 있어요. 그런데 어려운 만큼 사회 공부를 하면 좋은 점이 훨씬 많답니다.

 사회 공부를 하면 좋은 점

1. 상식이 풍부해지고 아는 것이 아주 많아져요.

2. 기억력, 암기력이 좋아져요.

3. 우리 사회의 여러 모습을 구체적으로 이해할 수 있어요.

4. 내가 속한 사회에 대해 알게 되므로 애향심, 애국심 등이 생겨요.

5. 다른 지역, 다른 나라의 문화를 이해하고 인정하는 넓은 마음이 길러져요.

6. 현명한 사회생활을 할 수 있어요.

7. 답사를 가기 전에 배경지식을 쌓을 수 있어요.

2 사회 교과서 읽는 법이 따로 있어요!

교과서를 읽을 땐 그 목적과 방법을 정확히 알고 읽어야 해요. 사회 교과서를 읽는 목적은 내용을 정확히 기억하고 이해하는 것입니다. 그러니까 조금이라도 다르게 읽거나 마음대로 내용을 해석하면 안 돼요. 교과서는 적어도 2번 정도 꼼꼼히 읽습니다.

 **사회 교과서 읽는 법**

① 대단원의 학습 목표를 찬찬히 살펴보아요.

② 각 학습 목표를 어떤 제재 학습으로 달성할 수 있는지 확인해요.

③ 각 제재의 도입 글을 읽고 학습할 주요 용어와 개념을 파악해요.

④ 활동 문제들을 풀면서 내용을 구체적으로 이해해요.

⑤ 조사와 관련한 내용이 나오면 조사 주제, 조사 대상, 조사 내용, 조사 방법을 정확히 확인해요.

⑥ 선생님이 중요하다고 한 내용이 있으면 읽으면서 바로 외워요.

⑦ 그래프와 도표 등은 분석하고 해석하며 읽어요.

3 세 가지 방법으로 노트를 암기해요!

교과서를 꼼꼼하게 읽은 다음에는 노트 필기를 공부할 차례입니다. 노트 필기를 암기할 때는 다음의 세 가지 방법을 순서대로 적용하여 봅니다.

 ## 세 가지 노트 암기 비법

1 머릿속으로 찬찬히 떠올려 보는 **눈으로 외우기**

노트에 필기된 내용을 소리 내지 않고 눈으로만 찬찬히 읽어 내려가면서 내용부터 파악합니다. 머릿속으로 전체적인 내용을 떠올릴 수 있어야 세세하고 구체적인 내용까지 쉽게 암기할 수 있기 때문입니다.

2 반복과 각인의 힘, **입으로 외우기**

암기를 할 때 입으로 소리를 내면 잘 외워집니다. 먼저 노트 필기 내용을 보면서 소리 내어 따라 읽어 봅니다. 몇 번을 따라 읽은 다음 노트를 덮고 보지 않은 채 내용을 반복하여 되뇌어 봅니다. 소리 내어 외우면 내용을 눈으로도 보고 귀로도 듣기 때문에 뇌에 더욱 확실히 각인되는 효과가 있습니다.

3 서술형의 확실한 대비법, **손으로 외우기**

암기하는 가장 확실한 방법 중의 하나는 내용을 두세 번 손으로 써 보는 것입니다. 손으로 쓰면서 외우는 것이 중요한 까닭은 정확하게 암기하기 위해서예요. 직접 손으로 써 보아야 정확한 표현과 낱말을 알 수 있습니다.

4 퀴즈를 내어 확실히 다져요!

다 외웠다는 판단이 서면 친구들끼리, 또는 가족들끼리 노트에 있는 내용을 바탕으로 서로 퀴즈를 내 봅니다.

(1) 이동과 의사소통 ★★
　　① 이동 : 사람이 다른 곳으로 가거나 물건을 옮기는 것
　　② 이동 수단 : 자전거, 승용차, 버스, 열차, 배, 비행기 등
　　　　→ 빠르고 편리하게 이동할 수 있음.
　　③ 의사소통 : 사람들끼리 생각이나 정보를 주고받는 것
　　④ 의사소통 수단 : 편지, 전화, 인터넷 등
　　　　→ 직접 가지 않고도 소식을 전할 수 있음.

　※※ 이동 수단과 의사소통 수단은 사람들이 필요한 것을 구하거나 어울려 살아가는 데 중요함.

🔵 퀴즈

1 '이동'의 뜻은?
（사람이 다른 곳으로 가거나 물건을 옮기는 것）

2 이동 수단에는 어떤 것들이 있나?（자전거, 승용차, 버스, 열차 등）

3 이동 수단을 이용하면 무엇이 좋은가?
（빠르고 편리하게 이동할 수 있음）

5 시험 전날은 이렇게 해요!

평소 사회 공부를 꾸준히 한 아이들도 시험 전날에는 다시 한 번 교과서도 보고 노트 필기도 보면서 최종 마무리를 합니다. 이날은 우선 마음을 편안하게 하고 지나치게 오랫동안 공부하지는 않습니다. 시험 날 컨디션이 좋아야 하기 때문에 무리하게 공부를 했다가는 오히려 역효과만 날 수 있습니다.

 시험 전날 공부법

1. 시험 범위에 해당하는 교과서 내용을 천천히 읽어요.

2. 교과서를 읽으면서 활동 문제와 단원 문제 등을 다시 한 번 풀어 보아요. 답은 연습장이나 노트에 정확하게 적어 보는 것이 좋아요.

3. 교과서를 읽으면서 지도, 그림, 통계표, 도표 등을 자세히 보고 분석해 보아요.

4. 시간이 남으면 1시간 정도 문제집을 풀어 유형을 익혀 보아요.

5. 틀린 문제를 꼼꼼히 확인하고 시험공부를 마쳐요.

6 시험지 복습으로 다음 시험을 대비해요!

시험이 끝났다고 모두 끝난 걸까요? 시험이 끝나면 사실 시험 범위에 해당하는 내용들을 다시 보고 싶지 않아요. 그런데 이런 마음을 누르고 다시 확인하는 시험지 복습을 해야 합니다. 특히 단원평가와 형성평가 시험을 본 뒤는 반드시 복습을 하고 틀린 문제를 꼭 확인해야 합니다.

 시험지 복습법

① 시험지, 교과서, 노트를 모두 준비해요.

② 시험지의 틀린 문제, 맞았지만 약간 헷갈리는 문제와 관련된 내용을 교과서와 노트에서 찾아보아요.

③ 교과서와 노트를 통해 무엇 때문에 틀렸는지 정확히 확인해요.

④ 틀린 이유에 대해 생각해 보아요.

⑤ 정답을 다시 한 번 확인하고 오답 노트에 정리해요.

3장

사회 교과서 완전정복
만점 노트 필기

3학년 2학기부터 사회 교과서의 내용이 조금 많아져요. 지도나 표가 눈에 띄게 줄었고, 대신 본문 내용이 길어졌지요. 이 말은 곧 암기할 내용도 그만큼 늘었다는 뜻이에요. 교과서를 펼쳐 보면 다음의 내용이 나와 있어요. 먼저 고장 생활의 이모저모에 대해 자세하게 나와 있고, 그 다음 이동 수단과 의사소통 수단에 대해 공부해요. 마지막으로 우리나라와 세계 여러 나라의 문화를 통해 다양한 삶의 모습을 살펴볼 거예요. 내용이 많고 자세한 만큼 노트 필기가 큰 도움이 될 거예요.

3학년 2학기 사회 공부에 도움 되는 책 추천!

사회 공부를 하다 보면 낯선 용어, 개념이 잘 잡히지 않는 지식들이 많이 나와요. 그런데 평소 관련 도서를 읽어 사회 배경지식을 쌓아 두면 문제없을 거예요.

🔖 <나는 둥그배미야> (김용택 지음 /푸른숲) : 벼농사 짓기의 1년 과정을 잔잔하고 친근한 이야기로 들려줘요. 농촌의 생활 모습을 알 수 있어요. 1단원 공부에 도움이 될 거예요.

🔖 <갯벌, 무슨 일이 일어나고 있을까> (이혜영 지음 /사계절) : 갯벌의 생태계를 담은 책이에요. 갯벌의 역사와 구조, 역할, 갯벌에 사는 생물과 갯벌을 이용하는 사람, 그리고 파괴의 모습과 보호하고자 노력하는 모습을 두루 담았어요. 1단원 공부에 도움이 될 거예요.

🔖 <교통수단 WHY> (이의정 지음 /예림당) : 기차, 자동차, 배, 비행기, 미래의 교통수단 등 여러 종류의 교통수단의 역사와 원리를 알아보는 책이에요. 만화로 구성되어 있어서 이해하기 쉽고 흥미로워요. 2단원 공부에 도움이 될 거예요.

🔖 <정보통신 WHY> (조영선 지음 /예림당) : 상품의 가치를 갖고 있는 정보를 시작으로, 우리 실생활을 보다 편리하게 도와주는 정보통신의 기술을 알려줘요. 그리고 통신망의 발달로 전 세계정보를 손쉽게 얻을 수 있게 되어제와 오늘을 살펴보고 화려하게 펼쳐질 미래의 모습도 두루 살펴봅니다. 2단원 공부에 도움이 될 거예요.

🔖 <신나는 열두 달 명절 이야기>(우리누리 지음 /주니어랜덤) : 설날 이야기, 정월 대보름 이야기, 칠월 칠석 이야기, 섣달그믐 이야기 등 명절에 대한 유래와 절차 등을 이야기 형식으로 썼어요. 또 우리의 전통 음식에 대해서도 나와 있답니다. 3단원 공부에 도움이 될 거예요.

Ⅰ. 고장 생활의 중심지

```
2. 사람들이
   모이는 곳

1. 생활에          고장
   필요한 것        생활의      4. 고장의
                  중심지         중심지 답사

3. 우리 고장과
   이웃 고장
```

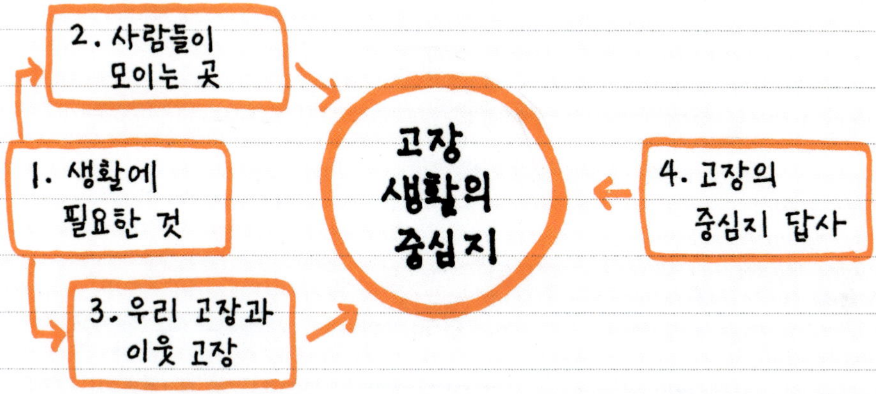

★ 단원 학습 목표
- 생활에 필요한 것과 그것을 구하는 법 알기
- 사람들이 모이는 곳 알기
- 우리 고장과 이웃 고장의 관계 알기
- 고장의 중심지 답사를 통해 특징 알기

1. 생활에 필요한 것

p.10 (1) 생활에 필요한 것을 알아보는 방법

    ① 생각하여 적어 보기

    ② 인터넷으로 검색하기

    ③ 설문지로 조사하기

    ④ 책에서 찾아보기

p.8, 12 (2) 생활에 꼭 필요한 것 ★

    → 기본적인 생활을 위해 의, 식, 주가 꼭 필요함.

    ① 의생활 → 옷 : 외부의 자극으로부터 몸을 보호해 줌.

    ② 식생활 → 음식 : 몸에 에너지를 제공해 줌.

    ③ 주생활 → 집 : 잠을 자고 쉴 수 있게 해 줌.

(3) 더 나은 생활을 위해 필요한 것 ★★

    → 보다 인간다운 생활을 위해 필요함.

    ① 즐거운 생활 (문화생활, 여가 생활)을 위해

      → 텔레비전, 컴퓨터, 게임기, 수영장, 영화관, 공연장,

        체육관, 공원 등

    ② 편리한 생활 (행정, 통신·교통 등)을 위해

      → 승용차, 휴대전화, 기차역, 버스 터미널, 경찰서,

        우체국, 주민 센터 등

p.13 ~14

(4) 생활에 필요한 것을 구하는 곳 ★

구분	필요한 것(활동)	구하는 곳
의식주	옷, 신발, 모자, 쌀, 채소, 의자, 식탁 등	백화점, 할인점, 마트, 재래시장 등
여가, 문화	영화 보기, 연극 보기, 요리, 전시회 관람, 운동하기, 산책하기, 책 읽기 등	영화관, 공연장, 미술관, 공원, 문화 센터, 도서관, 체육관, 수영장 등
행정	혼인 신고, 출생 신고, 주소 이전, 주민등록증 발급, 각종 서류 발급 등	시청, 구청, 경찰서, 주민 센터, 소방서, 보건소 등
교육	공부하기, 지식 배우기, 기능 및 기술 익히기 등	학교, 학원, 강습소, 평생교육원 등
교통, 통신	여행, 연락하기, 이동하기, 편지 보내기 등	기차역, 버스 터미널, 항구, 공항, 우체국 등

p.15

(5) 생활에 필요한 것을 구하거나 이용하기 위한 노력 ★

① 자신이 살고 있는 고장에서 구하기

② 고장에 없거나 부족한 것은 다른 고장에서 구하기

　예 • 싸고 싱싱한 해산물을 어촌에 가서 구함.

　　 • 여가 생활을 위해 농촌에 가서 생태 체험을 함.

　　 • 비행기를 이용하기 위해 공항이 있는 곳으로 감.

1. 생활에 필요한 것

1. 우리가 살아가는 데 꼭 필요한 것은 의(옷), 식(음식), 주(집)이다.

2. 여가, 문화생활, 교육 등은 더 나은 생활을 위해 필요한 것이다.

3. 더 나은 생활이란 기본적인 생활이 대부분 충족된 가운데 바라게 되는 보다 인간다운 생활, 행복한 생활을 말한다.

4. 즐거운 생활을 위해 게임기, 텔레비전, 영화관, 체육관 등이 필요하다.

5. 편리한 생활을 위해 기차역, 버스 터미널, 경찰서, 주민 센터 등이 필요하다.

6. 의식주와 관련된 것은 백화점, 대형 마트, 재래시장 등에서 구할 수 있다.

7. 우리 생활에 필요한 것을 알아보는 방법에는 인터넷으로 검색하기, 질문지로 조사해 보기 등이 있다.

8. 주민 센터와 같은 공공기관은 우리가 편리하고 더 나은 생활을 하도록 해 준다.

9. 생활에 필요한 것이 우리 고장에 없을 때 다른 고장에서 구하거나 이용할 수 있다.

2. 사람들이 모이는 곳

p.16 **(1) 고장 생활의 중심지** ★★★
→ 사람들이 많이 모이는 곳
일이나 활동의 중심이 되는 곳

① 생활하는 데 필요한 것을 구할 수 있는 곳
→ 재래시장, 대형 마트, 백화점 등

② 다른 고장으로 이동하거나 물건을 운반하기 위해
이용하는 곳
→ 기차역, 버스 터미널 등

③ 여가와 문화생활을 누릴 수 있는 곳
→ 문화 센터, 공연장, 영화관 등

④ 주민들의 편리한 생활을 돕는 곳
→ 주민 센터 등의 공공 기관 등

p.17 ✻ 재래시장과 버스 터미널의 공통점 ★★
• 사람들이 많이 모임.
• 매우 복잡함. ⎫ 대다수 중심지의 특징이기도
• 교통이 편리함. ⎭ 함.
(재래시장과 버스 터미널 근처에는 지하철역도 있고,
많은 버스들이 정차함. (버스 노선이 많음.))

p.18 ＊고장 생활의 중심지에 대하여 알아보는 방법

① 직접 찾아가서 조사하기

② 고장의 그림지도 이용하기

③ 질문지로 조사하기

④ 신문 기사나 사진 자료 활용하기

p.20 **(2) 고장의 경제 생활 중심지** ★★

① 장소 : 백화점, 대형 마트, 재래시장 등

→ 생활하는 데 필요한 것을 사고팜.

② 특징 ┌ 여러 종류의 물건과 상점들이 있음.

├ 물건을 파는 판매원 및 상인들이 있음.

├ 교통이 편리한 곳에 위치함. ★

└ 아파트나 주택이 많은 곳에 위치함.

↳ 사람들이 많이 살기 때문

→ 사람들이 오고 가기 편하기 때문

p.22 **(3) 고장의 교통 중심지** ★★

① 장소 : 기차역, 버스 터미널 등

→ 다른 고장으로 이동하거나 물건 운반에 이용함.

② 특징 ┌ 다른 고장으로 가려는 사람들로 붐빔.

├ 다른 고장으로 보낼 물건들이 쌓여 있음.

├ 다양한 교통수단(버스, 지하철)이 연결됨.

└ 주변에 상가, 식당, 대형 마트 등이 있음.

＊교통 중심지가 중요한 이유 ★ ★

• 우리 고장에서 구하거나 이용하기 어려운 것을
  다른 고장에서 해결하기 위해
• 우리 고장의 물건과 다른 고장의 물건을 서로
  운반하기 위해
• 다른 고장으로 이동하거나 우리 고장으로 오는 것을
  편리하게 하기 위해
  ➜ 교통이 편리하고 잘 발달하면 사람들이
     많이 모이고 경제와 문화가 발전함.

p.21 (4) 고장의 교육 중심지 ★ ★
  ① 장소 : 학교, 학원, 강습소 등
      ➜ 지식, 기술 등 교육을 받을 수 있는 곳
  ② 특징 ┌ 주변에 아파트나 주택이 많음.
         ├ 비교적 교통이 편리함.
         ├ 학원은 학교 주변에 많은 편임.
         └ 학생들이 많고 오가기 편리한 곳에 위치

(5) 고장의 행정 중심지 ★ ★
  ① 장소 : 시청, 구청, 주민 센터, 경찰서, 보건소 등
      ➜ 주민들의 편리하고 안전한 생활에 도움 줌.
  ② 특징 ┌ 각종 행정 문서를 발급해 주고 주민 문제 해결
         └ 교통이 편리하고 사람들이 많이 사는 곳에 위치

(6) **여가 및 문화생활 중심지** ★★

① 장소 : 문화 센터, 체육관, 공원, 마을 회관 등

     → 고장 사람들이 다양한 여가·문화생활을 즐김.

② 특징 ┌ 여가 생활, 문화생활, 취미 생활 등이 이루어짐.

        ├ 사람들이 많이 사는 곳에 위치

        └ 교통이 편리하여 사람들이 많이 모이는 곳에 위치

＊ 사람들이 중심지로 가는 이유 ★★★

     → 필요한 것을 구하거나 이용하기 위해

      예 필요한 물건을 사기 위해, 고속버스를 타기 위해,

         영화를 보기 위해, 주민등록증을 만들기 위해 등

＊ 주민 센터의 두 가지 역할

① 행정 업무를 봄. → 주민들의 편리한 생활에 도움

② 문화, 교육 프로그램 운영 → 주민 교육과 즐거운 생활에

                 도움

서술형 완전정복

2. 사람들이 모이는 곳

1. 많은 사람들과 다양한 물건들, 여러 시설들이 있는 곳을 고장의 중심지라고 한다.

2. 고장의 중심지는 사람들과 물건이 많이 모여 복잡하고, 길거리가 넓으며, 교통이 편리하다는 특징이 있다.

3. 생활하는 데 필요한 것을 사고팔기 위해 만들어진 경제 중심지에는 재래시장, 백화점, 대형 마트가 모여 있다.

4. 경제 중심지는 주로 아파트나 주택이 많은 곳, 교통이 편리한 곳에 위치해 있다. 그 이유는 많은 사람들이 쉽게 오갈 수 있어야 하기 때문이다.

5. 재래시장은 상점들이 각각 여러 건물에 들어와 있어 쇼핑하기 불편한 편이고, 백화점은 하나의 큰 건물에 상점들이 모두 들어와 있어 이동하기 쉽다.

6. 사람들은 다른 지역으로 이동하기 위해 기차역, 버스 터미널 등의 교통 중심지에 모인다.

7. 교통 중심지 주변에는 여러 가지 시설이 있고, 사람들이 편리하게 오갈 수 있도록 지하철, 버스 등 다른 대중 교통수단이 연결되어 있다.

8. 주민 센터는 주민들의 편리한 생활을 돕는 행정 중심지이기도 하고, 주민들을 위한 문화 프로그램이나 도서관을 운영하는 문화생활의 중심지이기도 하다.

3. 우리 고장과 이웃 고장

p.26 **(1) 우리 고장과 이웃 고장의 교류** ★★

　① 우리 고장과 이웃 고장은 <u>생산물과 문화를 주고 받음.</u>

　② 교류의 다양한 모습

　　• 고장의 풍부한 생산물을 다른 고장에 팜.

　　• 고장에 없거나 부족한 생산물을 다른 고장에서
　　　들여옴.

　　• 여행을 하거나 체험을 하기 위해 다른 고장을
　　　방문함.

　　• 경치를 보거나 문화 시설을 이용하기 위해 다른
　　　고장으로 가거나 우리 고장에 옴.

　　　→ 문화 교류

　　　→ 생산물 교류

p.27 　③ <u>교류가 이루어지는 까닭</u> ★★★

　　→ 고장마다 서로 다른 환경을 가지고 있으므로 고장의
　　　생산물과 문화 시설에 차이가 있기 때문

　　✳ 이웃 고장으로 가는 방법

　　• 철도 : 열차가 다닐 수 있음.

　　• 일반 국도 : 자동차로 여러 고장을 오갈 수 있음.

　　• 고속 국도 : 고속버스가 다닐 수 있음.

　　• 항구 : 배를 타서 갈 수 있음.

＊우리 고장과 다른 고장 사이의 관계를 아는 법

- 물건의 상표에서 생산지 조사하기
- 직접 시장을 돌아다니며 생산지 조사하기

→생산물이 어느 고장에서 왔는지 알 수 있음.

- 인터넷을 이용하여 우리 고장에서 다른 고장으로 나가는 생산물 조사하기

→생산물이 어느 고장으로 팔리는지 알 수 있음.

- 다른 고장을 여행한 경험 떠올리기
- 관광객 수를 나타낸 통계 자료 수집하기

→문화 교류에 대해 알 수 있음.

(2) 우리 고장과 다른 고장 사이에 오고 가는 생산물 ★

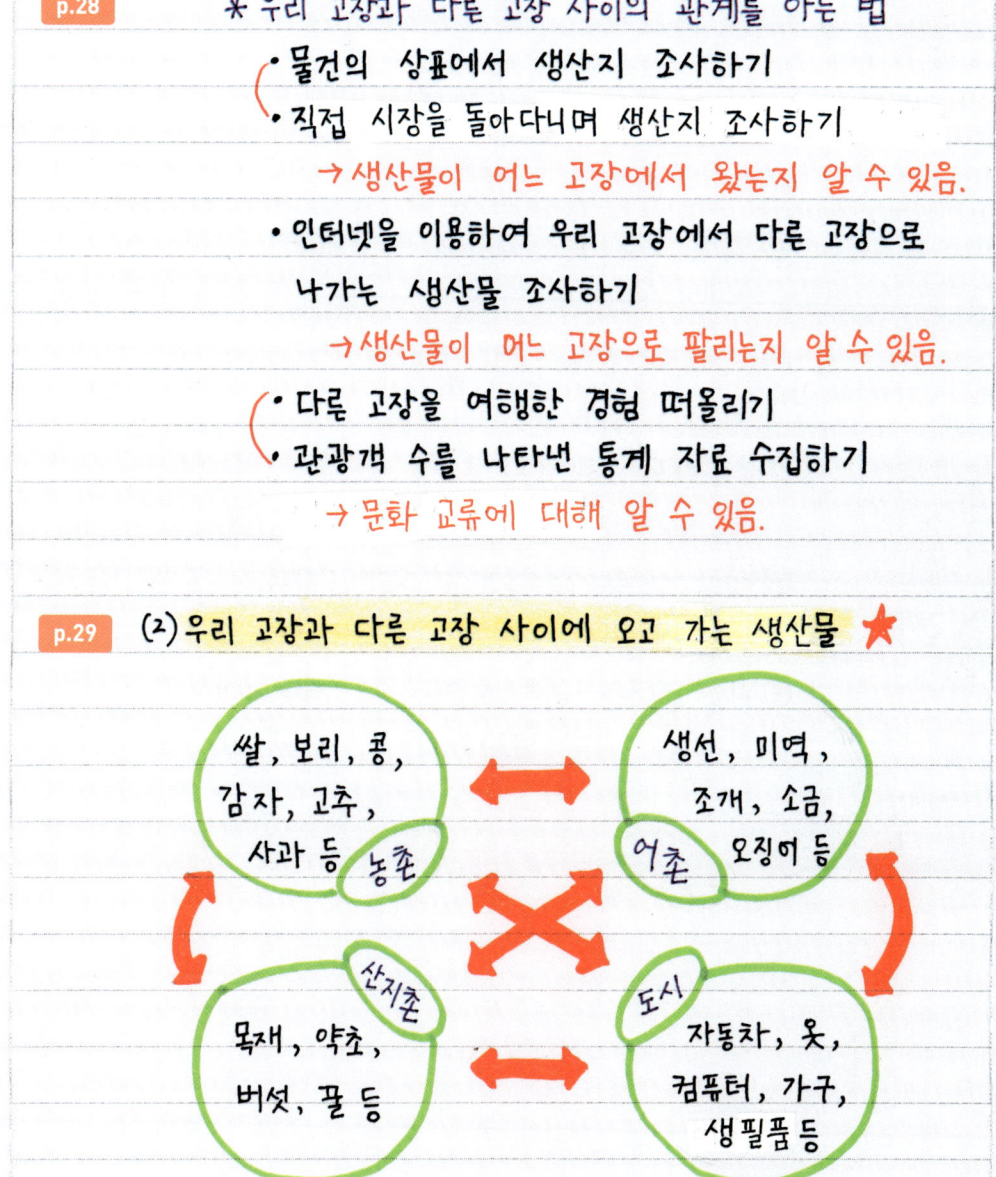

쌀, 보리, 콩, 감자, 고추, 사과 등 **농촌**

생선, 미역, 조개, 소금, 오징어 등 **어촌**

목재, 약초, 버섯, 꿀 등 **산지촌**

도시 자동차, 옷, 컴퓨터, 가구, 생필품 등

p.30 (3)우리 고장과 다른 고장 사이의 문화 교류 ★

   ① 다른 고장의 문화 시설 이용하기

   ② 다른 고장의 축제나 공연, 행사 등에 참여하기

   ③ 다른 고장으로 여행 가기

   ④ 다른 고장의 유적지나 박물관으로 견학 가기

p.31 (4)우리 고장과 다른 고장 사이에 사람이나 물건이

   오고 가는 이유 ★★

   ① 고장마다 자연환경 및 인문환경이 달라

   생산물과 문화 시설이 다르기 때문

   ② 생활에 필요한 물건을 우리 고장에서 모두 생산할

   수 없어 다른 고장과 주고받아야 하기 때문

   ③ 이웃 고장과 서로 도와가며 지낼 때 더욱

   편리하고 나은 생활을 할 수 있기 때문

3. 우리 고장과 이웃 고장

1. 우리 고장과 이웃 고장은 생산물과 문화를 주고받으며 관계를 맺는다. 이를 교류라고 한다.

2. 우리 고장과 이웃 고장이 서로 교류하면서 도움을 주고받는 관계를 상호의존이라고 한다.

3. 고장끼리 관계를 맺는 가장 중요한 이유는 고장마다 다른 환경을 가지고 있어서 생산물과 문화 시설에 차이가 있기 때문이다.

4. 우리 고장과 다른 고장 사이의 관계를 알 수 있는 방법에는 물건의 상표에서 생산지 조사하기, 직접 시장을 돌아다니며 생산지 조사하기, 관광객 수를 나타낸 통계 자료 수집하기 등이 있다.

5. 고장 사이에 관광객이 오가는 가장 중요한 이유는 아름다운 경치를 보거나 자기 고장에 없는 문화 시설을 이용하기 위해서이다.

6. 여러 고장을 연결해 주는 길을 만드는 이유는 생산물을 주고받고, 이웃 고장을 쉽고 빠르게 가기 위해서이다.

7. 우리 고장과 이웃 고장이 교류를 하면 우리 고장에서 생산할 수 없거나 부족한 생산물을 다른 고장에서 들여올 수 있고, 다양한 문화를 체험할 수 있어서 더 나은 생활을 할 수 있다.

4. 고장의 중심지 답사

p.34 (1) 답사 ⭐

① 뜻 : 어떤 곳에 직접 가서 조사하는 것

② 책으로만 배웠던 내용을 실제로 체험할 수 있음.

⭐ (장 믿을 만한 자료를 수집할 수 있음.
    단 시간과 비용이 많이 듦.

p.35 (2) 고장의 중심지 답사 전 해야 할 일 ⭐

→ 고장의 중심지를 기준에 따라 비슷한 것끼리 묶기

① 필요한 물건을 사기 위해 사람들이 많이 모이는 곳
    : 재래시장, 대형 마트, 백화점 등

② 다른 고장으로 가기 위해 사람들이 많이 모이는 곳
    : 기차역, 버스 터미널, 항구 등

③ 여가 생활을 즐기기 위해 사람들이 많이 모이는 곳
    : 문화 센터, 공원, 영화관, 체육관, 공연장 등

④ 필요한 일을 처리하기 위해 사람들이 많이 모이는 곳
    : 주민 센터, 구청, 시청, 보건소, 소방서 등

→ 위와 같이 고장의 중심지를 분류한 뒤 답사
    장소를 정한 다음 그곳에 대한 자료를 미리
    조사함. (이유 답사 계획을 체계적으로 세우기 위해)

p.36 (2) **고장의 중심지 답사 과정** ★★

① 답사할 중심지 정하기

② 중심지에 대한 자료 찾기

③ 답사 계획 세우기 ★

④ 답사하기

⑤ 자료 정리하기

⑥ 답사 보고서 작성하기

p.38 (3) **고장의 중심지 답사 계획 세우기** ★★

① 답사할 우리 고장의 중심지 정하기

② 답사 일시(날짜와 시간) 정하기

③ 답사 내용 정하기

→ 중심지의 위치와 모습, 사람들의 수, 사람들이

　모이는 이유, 중심지 주변의 모습, 중심지에서

　사람들이 하는 일 등

④ 답사 방법 정하기

→ 중심지 거리 재어 보기, 사람 수 헤아리기,

　그림지도 그려 보기, 질문지 조사 및 면담하기,

　중심지 모습 사진 찍기 등

⑤ 준비물 알아보기

→ 줄자, 카메라, 지도, 녹음기, 질문지, 수첩 등

⑥ 답사할 때 주의할 점 알기

✳ 답사할 때 주의할 점 ★

• 답사할 때 지켜야 할 예절을 잘 지키기
• 다른 사람에게 피해를 주는 행동 하지 않기
• 위험한 행동 하지 않기
• 안전하게 답사하기

p.39 (4) 답사 보고서 정리 ★

① 답사 보고서에 들어가는 내용

┌ 답사 장소
├ 답사 일시
├ 답사 내용 및 알게 된 점
├ 느낀 점
└ 더 알고 싶은 점   ★★

② 답사 후 알게 된 점에 들어가는 내용

┌ 중심지에서 가장 많이 볼 수 있었던 것
├ 답사하는 시간 동안 오간 사람 수
├ 중심지에서 사람들이 하는 일
├ 중심지의 면적 (크기)
├ 중심지에 사람들이 모이는 이유
└ 중심지 주변의 모습

4. 고장의 중심지 답사

1. 답사가 필요한 이유는 책으로만 배웠던 내용을 직접 확인하고 실제로 체험하기 위해서이다.

2. 답사하기 전 중심지에 대한 자료를 찾기 위해 이용할 수 있는 방법에는, 인터넷으로 자료를 검색하여 조사하기, 신문이나 어른들의 이야기를 듣고 조사하기 등이 있다.

3. 우리 고장의 중심지를 답사할때는 질문지로 사람들이 중심지에 모이는 이유 등을 조사한다.

4. 인터넷으로 조사를 하면 시간이 절약되고, 풍부한 자료를 얻을 수 있다는 장점이 있다.

5. 답사를 할 때 가장 먼저 할일은 답사 장소를 정하는 것이다.

6. 옛날에 비하여 고장의 중심지가 늘어난 까닭은 교통이 발달하고 사람들이 많이 모여 살게 되면서 생활에 필요한 여러 시설들이 많이 생겨났기 때문이다.

7. 옛날에 비하여 오늘날 고장의 중심지에 도로가 발달한 이유는 중심지로 이동하는 사람들이 많아졌기 때문이다.

8. 고장의 중심지 답사를 통해 중심지의 모습, 중심지의 위치, 사람들이 모이는 이유, 중심지에서 사람들이하는 일 등을 알 수 있다.

9. 답사 보고서는 답사의 모든 과정을 정리한 글로 답사 장소, 일시, 답사 내용 및 방법, 느낀 점 등이 담겨 있다.

Ⅱ. 이동과 의사소통

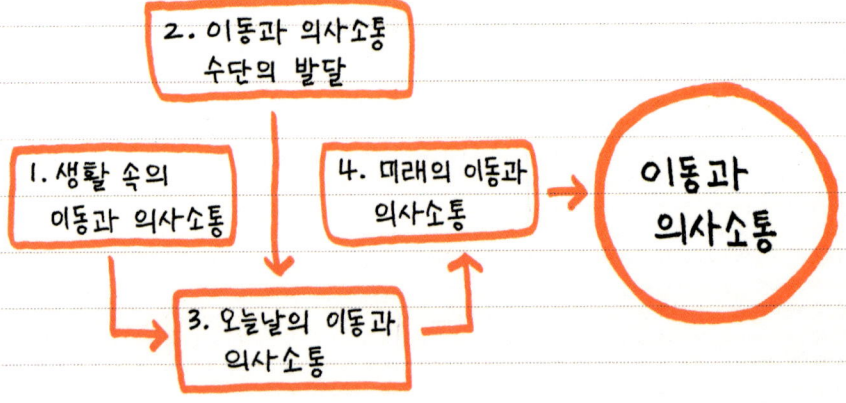

2. 이동과 의사소통 수단의 발달

1. 생활 속의 이동과 의사소통

4. 미래의 이동과 의사소통

이동과 의사소통

3. 오늘날의 이동과 의사소통

★ 단원 학습 목표

- 고장 사람들의 이동 수단과 의사소통 수단 알아보기
- 이동 수단과 의사소통 수단의 변화 알기
- 오늘날의 이동 수단과 의사소통 수단의 영향 파악하기
- 미래의 이동 수단과 의사소통 수단의 발달 예측하기

1. 생활 속의 이동과 의사소통

p.48 (1) 이동과 의사소통 ⭐⭐

① 이동 : 사람이 다른 곳으로 가거나 물건을 옮기는 것

② 이동 수단 : 자전거, 승용차, 버스, 열차, 배, 비행기 등

→ 빠르고 편리하게 이동할 수 있음.

③ 의사소통 : 사람들끼리 생각이나 정보를 주고받는 것

④ 의사소통 수단 : 편지, 전화, 인터넷 등

→ 직접 가지 않고도 소식을 전할 수 있음.

⭐⭐ 이동 수단과 의사소통 수단은 사람들이 필요한 것을 구하거나 어울려 살아가는 데 중요함.

p.50 (2) 고장 사람들의 이동 및 의사소통 모습 조사 과정 ⭐

① 조사 주제 확인하기

② 조사 대상 정하기

③ 조사 내용 정하기

④ 조사 방법 정하기

⑤ 조사하기

⑥ 조사 내용 정리하여 발표하기

p.51 **(3) 이동 수단 비교** ★

구분	장점 및 이용 이유	단점
자전거	• 연료 없이 이용 가능 • 조작이 쉬움.	• 큰 물건 옮기기 힘듦. • 사람의 힘으로 움직임.
승용차	• 이동이 편리함. • 작은 물건을 옮길 수 있음.	• 연료 없으면 이동 불가능 • 길이 없는 곳은 못 다님.
버스	• 많은 사람들이 편리하게 이용	• 좁은 길은 다니기 힘듦.
기차	• 많은 사람들과 물건을 옮길 때 편리	• 철도가 있는 곳에서만 이용
지하철	• 도시에서 많은 사람들을 한꺼번에 이동	• 전기가 끊어지면 이용 불가
배	• 하천 및 바다에서 많은 물건 옮길 때 편리	• 날씨가 좋지 못하면 이동 불가
비행기	• 많은 양의 물건이나 사람을 가장 빠르게 옮김.	• 가격이 비쌈. • 날씨 영향 많이 받음

★ 사람들이 이동을 하는 이유 ★★

- 직장을 가기 위해
- 학교에 가기 위해
- 여행을 가기 위해
- 이사하기 위해
- 명절을 보내기 위해

p.52

(4) 의사소통 수단 비교 ★

구분	장점 및 이용 이유	단점
편지	· 손으로 직접 써서 상대방의 마음이 느껴짐.	· 전하는 데 시간 걸림. · 분실 위험
전화	· 소식을 빠르게 전함.	· 전기 끊기면 사용 불가
휴대 전화	· 휴대가 가능 · 장소에 상관없이 연락	· 통신 기지가 설치되어야만 사용 가능 · 배터리 충전
전자 우편	· 전하는 내용을 남길 수 있음. · 다른 자료 첨부 가능	· 전기 필요 · 인터넷 접속이 가능한 곳에서만 사용
화상 전화	· 직접 얼굴 보며 통화	· 사생활 침해 우려
인터넷	· 언제 어디서나 즉시 의사소통 가능	· 인터넷 통신선 설치

★ 사람들이 의사소통을 하는 이유 ★★

· 궁금한 것을 알아보기 위해

· 안부를 묻기 위해

· 소식을 전하기 위해

p.53 (5) 이동과 의사소통의 필요성 ★★★

① 필요한 물건 구하기

② 여가 즐기기

③ 필요한 정보 구하기

④ 서로의 소식 전하기

* 의사소통 수단을 통해 할 수 있는 여러 가지 일

- 사이버 박물관 견학
- 인터넷 쇼핑을 통한 물건 구입
- 사이버 문화재 및 관광지 탐방
- 전자 민원서류 발급
- 기차표, 영화표, 비행기표 예매
- 사이버 교육 (온라인 교육)

★★

➜ 옛날에는 직접 가야만 보거나 구할 수 있던 것을 오늘날에는 의사소통 수단을 통해서 구할 수 있음.

1.생활 속의 이동과 의사소통

1. 사람이 다른 곳으로 가거나 물건을 옮기는 것을 이동이라하고, 사람들끼리 생각이나 정보를 주고받는 것을 의사소통이라고 한다.

2. 사람들은 직장이나 학교에 가기 위해서, 여행을 가기 위해서, 이사를 하기 위해서 이동한다.

3. 사람들은 안부를 묻기 위해서, 궁금한 것을 알아보기 위해서 의사소통 수단을 이용한다.

4. 이동 수단에는 자전거, 승용차, 버스, 기차, 지하철, 비행기, 배 등이 있다.

5. 의사소통 수단에는 편지, 전화, 휴대 전화, 전자 우편, 화상 전화, 인터넷 등이 있다.

6. 옛날에는 직접 가야만 보거나 구할 수 있던 것을 오늘날에는 의사소통 수단을 통해서 구할 수 있는 경우가 많은데, 그 예로 인터넷 쇼핑, 인터넷 영화표 예매 등이 있다.

7. 이동과 의사소통이 필요한 이유는 필요한 물건과 정보를 구하고, 여가 생활을 즐기고, 서로 소식을 전하기 위해서이다.

8. 이동 수단을 이용하면 빠르고 편리하게 이동할 수 있다.

9. 의사소통 수단을 이용하면 먼 곳에 있는 사람과도 소식을 주고받을 수 있고 직접 가지 않고도 소식을 전할 수 있다.

2. 이동과 의사소통 수단의 발달

p.58 (1) 사이버 박물관 견학하기 ★

　① 조사 계획 세우기

　② 인터넷 검색창에서 검색하기

　③ 검색된 사이버 박물관 누리집 방문하기

　④ 필요한 자료 찾아서 정리하기

＊이동 수단과 의사소통 수단의 발달을 알아보는 데
도움이 되는 사이버 박물관
- 삼성 화재 교통 박물관 → www.stm.or.kr
- 철도 박물관 → www.korail.com
- 선박 박물관 → www.seamuse.go.kr
- 항공 우주 박물관
　→ www.aerospacemuseum.co.kr
- 정보 통신 박물관 → museum.kt.com
- 우정 박물관 → www.postmuseum.go.kr

➡ 과학 기술의 발달로 이동 수단과 의사소통 수단이
발달하였고, 그에 따라 우리의 생활 모습도 변함.

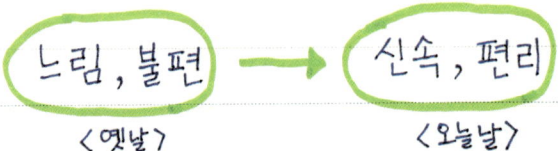

느림, 불편 ⟶ 신속, 편리
　〈옛날〉　　　　　〈오늘날〉

p.57,
59, 63 (2) 이동 수단의 발달 ★★★

→ 사람들이 이용하기에 더욱 안전하고 빠르고
편리하게 발달함.

① 육상 수단

• 도로 : 걷기, 말, 가마 → 인력거 → 가솔린 자동차
→ 전기 자동차

• 철도 : 증기 기관차 → 디젤 기관차 → 전기 기관차
→ 자기 부상 열차

② 수상 수단

• 뗏목 → 돛단배 → 증기선 → 쾌속선

③ 항공 수단

• 열기구 → 초기의 비행기 (라이트 형제) → 프로펠러
비행기 → 제트 여객기 → 우주 왕복선

p.62 ✽ 이동 수단 발달이 생활에 미친 영향 ★★

• 다른 고장으로 빠르고 편리하게 이동

• 먼 곳까지 쉽게 여행　　　　→ 전국 일일 생활권

• 많은 양의 물건을 한꺼번에 운반

• 원하는 곳에서 생활하고 공부

p.57, 60

(3) 의사소통 수단의 발달 ★★★

→ 먼 곳에 있는 사람과 더욱 빠르고 정확하고 편리하게 소식을 주고 받을 수 있도록 발달

① 옛날
- 파발 : 직접 가서 소식을 전함.
- 봉수 : 연기(낮) 또는 불(밤)로 신호를 보냄.
  - 예 ┌ 1개 - 아무 위험이 없는 보통 때
      ├ 2개 - 적이 보일 때
      ├ 3개 - 적이 국경 지역에 다가올 때
      ├ 4개 - 적이 국경 지역을 침입할 때
      └ 5개 - 전쟁이 시작될 때

→ 파발은 시간이 오래 걸리지만 자세한 내용을 전할 수 있고, 봉수는 소식을 빠르게 전할 수 있지만 자세한 내용은 전할 수 없음.

② 오늘날
- 편지, 전자 우편 : 매우 긴 소식을 자세하게 전함.
- 전화, 휴대 전화 : 빠르고 편리하게 전함.
- 인터넷 : 문자, 음성, 영상을 동시에 이용하여 세계 어디에서나 사용 가능

p.62

＊ 의사소통 수단의 발달이 생활에 미친 영향 ★★
- 재택 근무 가능, 홈 쇼핑 및 인터넷 쇼핑 가능
- 음식점, 극장, 숙박업소 예약 가능

(4) 이동 수단과 의사소통 수단 분류 ★

① 쓰임에 따라

이동 수단	여객기, 자동차, 증기 기관차, 뗏목, 가마, 쾌속선, KTX, 초기의 비행기 (고속 철도)
의사소통 수단	전자 우편, 파발, 휴대 전화, 봉수

② 이동 방법에 따라

육상	자동차, 증기 기관차, 가마, 고속 철도 (KTX)
수상	뗏목, 쾌속선
항공	여객기, 초기의 비행기

③ 시대에 따라

옛날	증기 기관차, 뗏목, 가마, 파발, 초기의 비행기, 봉수
오늘날	여객기, 전자 우편, 자동차, 휴대 전화, 쾌속선, 고속 철도 (KTX)

2. 이동과 의사소통 수단의 발달

1. 사이버 박물관을 견학할 때는 먼저 조사 계획을 세워야 시간을 낭비하지 않고 내용을 빠뜨리지도 않고 조사할 수 있다.

2. 옛날에 비해 오늘날의 이동 수단은 사람들이 이용하기에 더욱 안전하고 빠르고 편리하다는 특징이 있다.

3. 수상 이동 수단은 뗏목 → 돛단배 → 증기선 → 쾌속선 순으로 발달하였다.

4. 철도 이동 수단은 증기 기관차 → 디젤 기관차 → 전기 기관차 → 자기 부상 열차 순으로 발달하였다.

5. 이동 수단이 발달하면서 먼 곳까지 쉽게 갈 수 있게 되었고, 전국이 일일생활권이 되었으며 다양한 여가 활동을 할 수 있게 되었다.

6. 옛날에 비해 오늘날의 의사소통 수단은 먼 곳에 있는 사람과 더욱 빠르고 정확하고 편리하게 소식을 주고받을 수 있다는 특징이 있다.

7. 옛날에는 봉수와 파발로 소식을 전했는데, 봉수는 소식을 빠르게 전할 수 있지만 자세한 내용을 전하려면 파발을 이용해야 했다.

8. 나라의 위급한 상황이 생겼을 때 불이나 연기의 개수로 소식을 알리는 제도를 봉수라고 하는데, 날씨의 영향을 많이 받았다.

9. 의사소통 수단이 발달하면서 재택근무가 가능하게 되었고, 홈 쇼핑이나 인터넷 쇼핑을 할 수 있게 되었으며, 음식점, 극장 등을 전화나 인터넷으로 예약할 수 있게 되었다.

3. 오늘날의 이동과 의사소통

p.66 ~67

(1) 오늘날의 이동 수단 ★★

① 도로로 다니는 이동 수단 : 승용차, 버스, 트럭 등

② 철도로 다니는 이동 수단 : 기차, 지하철 등

③ 강이나 바다에 떠다니는 이동 수단 : 배

④ 하늘을 나는 이동 수단 : 비행기

⑤ 사람이 이동할 때 이용하는 이동 수단

→ 승용차, 버스 > 지하철 > 기차 > 배, 비행기
  └ 가장 많이 이용

★★ (이유 : 쉽게 이용할 수 있고, 원하는 곳 근처까지 갈 수 있기 때문)

⑥ 물건을 운반할 때 이용하는 이동 수단

→ 트럭 > 배 > 기차
  └ 가장 많이 이용

★★ (이유 : 많은 양의 물건을 싣고 원하는 목적지까지 어디든 빠르게 갈 수 있으므로)

⑦ 고장의 환경에 따른 이동 수단

• 도시 : 버스, 지하철, 승용차, 자전거 등

• 어촌 : 여객선, 널배, 갯배 등
  └→ 바다로 나누어진 마을 이어줌.
  └→ 꼬막 채취를 위해 갯벌 이동 시 사용

• 산지촌 : 모노레일 → 생산물을 싣고 이동할 때 사용

＊ 고장의 환경에 따른 이동 수단의 특징 ★★★
- 도시는 사람들이 많고 복잡하므로 <u>대중교통</u> 많이 이용함.
- 바닷가는 주변 섬에서 왕래하는 사람이 많아 <u>배</u>를 이용함.
- 섬이나 산간 지역은 길이 좁고 굴곡이 심해 물건을 운반할 때 주로 <u>소형 트럭</u> 이용함.

p.68 (2) 오늘날의 의사소통 수단 ★★
① 종류 : 일반 전화, 휴대 전화, 화상 전화, 인터넷, 편지, 전자 우편 등
② 가입률 비교

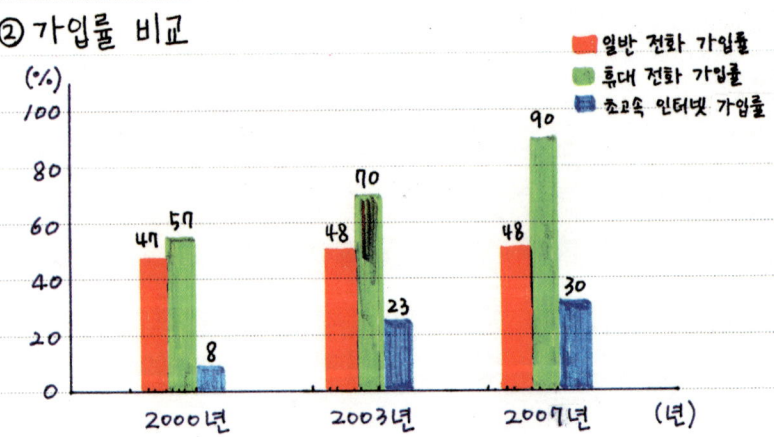

- 가입률이 거의 변하지 않은 것 → 일반 전화
- 가입률이 크게 변한 것 → 휴대 전화, 인터넷
  - 2007년→ 2000년에 비해 약 1.6배 상승함.
  - 2007년 → 2000년에 비해 약 4배 상승함.

＊ 의사소통 수단의 변화에 따른 우리 생활의 변화 ★★
- (휴대전화) → 언제 어디서나 상대방과 통화
            → 인터넷, 운행 업무, 사진 촬영 등 가능
- (인터넷) → 정보를 쉽고 빠르게 얻을 수 있음.
         → 쉽고 빠르게 소식을 주고받을 수 있음.
         → 직접 가지 않고 일을 처리할 수 있으므로
           시간 여유가 생김.
         → 다른 나라나 고장에서 일어나는 일을
           거의 실시간으로 알 수 있음.
  ➡ 언제 어디서나 소식을 주고 받을 수 있고, 많은
    양의 정보와 지식을 교류할 수 있음.

＊ 우편을 통한 의사소통 수단의 발달 ★
- 옛날에는 우편 배달부 (집배원)가 직접 편지를
  배달해 주는 일반 우편이 많았으나, 오늘날에는
  전자 우편 많이 이용
- 홈 쇼핑이나 인터넷 쇼핑이 발달하여 소포나
  택배의 양이 늚.

(3) 이동 수단과 의사소통 수단의 중요성 ★★
  → 원하는 곳으로 자유롭게 이동하고, 많은 양의
    정보와 소식을 주고 받음으로써 경제가 발전함.

p.69 ＊각 고장마다 이용하는 이동 수단이 다른 이유 ★★
→ 저마다 인문환경과 자연환경이 다르기 때문

p.71 (4) 이동 수단의 차이로 인한 생활 모습의 차이
① 강이나 운하가 발달한 지역
→ 사람들이 배를 이용하여 이동하거나 물건을
실어 나름.
㉔ 태국 수상 시장의 배
② 건조한 지역
→ 사람들이 낙타로 이동하거나 물건을 실어 나름.
㉔ 중동 지역의 사막

3. 오늘날의 이동과 의사소통

1. 이동 수단이 발달하면서 사람과 물자의 이동이 빨라 생산에 도움이 됨으로써 경제가 발달하였다.

2. 오늘날의 이동 수단 중 버스와 승용차는 사람이 원하는 곳 근처까지 갈 수 있어 많이 이용된다.

3. 오늘날의 이동 수단 중 트럭은 원하는 목적지까지 물건을 어디든 빠르게 운반할 수 있어 많이 이용된다.

4. 도시는 사람들이 많이 살아 복잡하기 때문에 버스나 지하철 등의 대중 교통을 많이 이용한다.

5. 바닷가 지역은 주변이 바다로 이루어져 있기 때문에 섬이나 육지로 이동할 때 배를 많이 이용하고, 도로가 좁고 굴곡이 심해 물건을 운반할 때는 소형 트럭을 이용한다.

6. 갯벌은 사람이 이동할 때 발이 빠지기 쉽기 때문에 넓적한 판자로 된 널배를 이용하여 이동한다.

7. 오늘날에는 의사소통 수단 중에서 휴대 전화와 초고속 인터넷 가입률이 크게 늘었는데, 그 이유는 원하는 정보를 쉽게 얻을 수 있고 어디서나 소식을 주고받을 수 있는 등 매우 빠르고 간편하게 이용할 수 있기 때문이다.

8. 오늘날에는 편지를 보낼 때 인터넷을 이용해서 전자 우편을 보내면 간편하고 빠르다.

4. 미래의 이동과 의사소통

p.74 (1) 미래의 이동과 의사소통 모습을 상상하여 표현하기 ★

① 오늘날의 이동과 의사소통 모습 살펴보기

② 오늘날의 이동과 의사소통의 문제점 찾기

③ 이동과 의사소통 문제의 해결 방법 찾기

④ 오늘날의 문제를 해결한 미래의 이동과 의사소통 모습

　 상상하기

⑤ 미래의 이동과 의사소통 모습을 글이나 그림으로 나타내기

⑥ 정리한 내용 발표하기

p.73 ＊도버 해협 해저 터널 (유로 터널)

　→ 영국과 프랑스 사이의 바다 밑으로 뚫린

　 열차가 다니는 터널 (←이동 수단의 발달을 보여 줌.)

★ ┌ 좋은 점 : 배나 비행기가 움직일 수 없는 날씨에도

　 │ 　　　 이용 가능

　 └ 나쁜 점 : 자연환경이 파괴될 수 있음.

　 ⇒ 이동 수단과 의사소통 수단이 발달하면 좋은 점도

　 있지만 문제점도 생길 수 있음.

> 환경 파괴, 불안전, 불편 등의 문제를
> 해결할 수 있는 이동 수단과 의사소통 수단
> 개발 필요

p.75 **(2) 오늘날의 이동 수단의 좋은 점과 문제점** ★ ★

  ① 좋은 점

    ┌ 먼 곳까지 편하게 이동할 수 있음.

    ├ 목적지까지 빠르게 이동할 수 있음.

    ├ 원하는 곳으로 여행 갈 수 있음.

    └ 물자의 활발한 교류가 가능함. → 경제 발전

  ② 문제점

    ┌ 배기가스 등으로 인해 대기가 오염됨.

    ├ 도로나 터널 건설로 환경이 파괴됨.

    ├ 자동차가 늘어나면서 교통사고도 증가함.

    └ 비행기, 열차, 선박 등의 대형 사고

p.76 **(3) 오늘날 의사소통 수단의 좋은 점과 문제점** ★ ★

  ① 인터넷의 이용 모습 ★ ★ ★

    ┌ 시장에 가지 않아도 물건을 살 수 있음. ⓐ장

    ├ 멀리 떨어진 곳의 친구와 이야기를 할 수 있음.

    ├ 다른 사람의 개인 정보를 이용한 범죄가 늘어남.

    └ 정확한 정보도 있지만 잘못된 정보도 있음. ⓐ단

  ② 의사소통 수단의 좋은 점

    ┌ 거리가 아무리 멀어도 즉시 소식을 주고 받을 수 있음.

    ├ 직접 가지 않고도 필요한 물건을 살 수 있음. (주문)

    ├ 필요한 정보를 쉽고 편리하게 구할 수 있음.

    └ 게임, 음악, 영화 감상 등의 여가를 즐길 수 있음.

③ 의사소통 수단의 (문제점)

- 게임 및 인터넷 중독자가 늘어남.
- 개인 정보를 이용한 범죄가 늘어남.
- 잘못된 정보로 인해 피해를 봄.
- 사생활 침해를 받을 수 있음.
- 원치 않은 광고 메일을 받을 수 있음.
- 익명(자기 이름을 숨김.)이므로 인터넷 예절을 지키지 않는 경우가 많음.
  → (예)·악의적인 댓글을 다는 경우
       ·명예 훼손을 하는 경우

(4) 미래의 이동 수단과 의사소통 수단 ★★

p.77, 79

  → 오늘날의 이동 수단과 의사소통 수단의 문제점을 해결할 수 있는 수단을 개발해야 함.
① 배기가스로 인한 대기 오염 심각
  → (해결) 오염 물질을 적게 배출하거나 전혀 배출하지 않는 자동차 개발
② 다른 사람의 개인 정보를 이용한 범죄
  → (해결) 인터넷 접속 시 지문이나 눈동자를 인식하는 장치 개발
(예)·환경과 에너지를 생각하는 자동차
    ·스스로 길을 찾아가는 자동차
    ·외국어를 바로 통역해 주는 기계

4. 미래의 이동과 의사소통

1. 이동 수단은 이동에 걸리는 시간을 줄이고, 더 편안하게 이동할 수 있도록 다양한 형태로 만들어지고 있다.

2. 오늘날 이동 수단의 장점은 원하는 곳이라면 먼 곳까지 편하고 빠르게 이동할 수 있다는 것이다.

3. 오늘날 이동 수단의 문제점은 배기가스로 인해 환경오염을 시키고, 교통사고를 일으킨다는 것이다.

4. 의사소통 수단은 거리에 상관없이 빠르게 소식과 정보를 주고받을 수 있도록 발달하고 있다.

5. 오늘날 인터넷 사용의 문제점은 개인 정보를 이용한 범죄, 잘못된 정보 유통, 게임이나 인터넷 중독자 증가 등을 들 수 있다. 이를 해결하기 위해서는 인터넷 실명제를 실시하고 불법 정보 유통자를 추적하는 시스템을 개발해야 한다.

6. 영국과 프랑스 사이에 놓여 있는 해저 터널을 유로 터널이라고 하며, 비행기나 배가 다닐 수 없는 날씨에도 두 나라 사이의 이동을 가능하게 해 준다.

7. 미래에는 환경과 에너지를 생각하는 자동차, 스스로 생각하고 사람의 몸에 잘 맞는 자동차가 발명되어 더욱 안전하고 편리하게 이동할 수 있을 것이다.

8. 미래에는 세계 여러 나라의 말을 자동으로 통역해 주는 기계가 발명되어 다른 언어를 사용하는 사람들도 쉽고 빠르게 의사소통을 할 수 있을 것이다.

Ⅲ. 다양한 삶의 모습

1. 우리들이
   살아가는 모습

3. 세계 여러 나라
   의 명절과 기념일

**다양한
삶의 모습**

2. 변화하는
   전통 의례

4. 서로 배우고
   존중하는 문화

★ 단원 학습 목표

- 사람들의 생활 모습 살펴보기
- 조상들의 전통 의례 모습과 오늘날의 모습 비교하기
- 우리와 다른 나라의 명절과 기념일 찾아보기
- 문화를 대하는 자세에 대해 생각해 보기

1. 우리들이 살아가는 모습

p.88 (1) 친구들의 생활 모습 알아보기

  ① 직접 물어보기

  ② 질문지를 만들어 조사해 보기) 가까이 있는 친구

  ③ 도서관에 가서 자료 찾아보기) 멀리 있는 친구

  ④ 인터넷으로 검색하기

    → 내용 • 좋아하는 과목은?

      • 좋아하는 음식은?

      • 방과 후에 주로 하는 일은?

      • 방과 후에 주로 하는 놀이는?

      • 자주 보는 TV 프로그램은?

      • 좋아하는 노래는?

      • 소원은?

p.86 (2) 다양한 문화 ★ ★

  ① 문화 : 사람들이 살아가는 모습, 삶의 양식

  ② 지역, 세대, 나라마다 문화가 다름.

  ③ 문화에 따라 사람들의 생각과 행동 다양

    → 예 우리나라 사람들은 까마귀를 좋지 않은

    새라고 생각하여 싫어함.

     일본 사람들은 까마귀를 복을 가져다주는

    새라고 생각하여 좋아함.

p.90 (3) 식생활 문화 ★ ★

　　① 나라에 따른 차이

　　　• 한국 : 숟가락과 젓가락 사용

　　　• 일본 : 젓가락 사용, 왼손으로 밥그릇 들고 식사

　　　• 미국 : 포크와 나이프 사용, 고기류 즐김.

　　　• 인도 : 오른손으로 식사

　　② 종교에 따른 차이

　　　• 힌두교 : 소를 신성하게 여기므로 쇠고기 안 먹음.

　　　• 이슬람교 : 돼지를 혐오하므로 돼지고기 안 먹음.

p.91 ✳ 용에 대한 동서양의 생각 비교 ★

　　동양 (중국) : 신비하고 신성한 동물로 여김.

　　　　생김새 뱀처럼 긴 몸, 사슴의 뿔,

　　　　　　　물고기의 비늘, 독수리의 발톱,

　　　　　　　입에는 여의주를 물고 있음.

　　서양 (영국) : 사악하고 인간을 괴롭히는 나쁜

　　　　　　동물로 여김.

　　　　생김새 공룡처럼 생김, 날개, 입에서

　　　　　　불 나옴.

p.93 (4) 문화의 표현 방법 ★

　　① 옷, 음식, 춤, 노래, 종교 등을 통해 문화 표현

　　② 친구들이 좋아하는 노래, 동시, 춤, 놀이에는

　　친구들의 생활 모습 (생각과 행동) 나타남.

1. 우리들이 살아가는 모습

1. 사람들이 살아가는 모습을 문화라고 하는데, 지역이나 세대, 나라마다 다양한 문화가 있다.

2. 문화는 사람들의 생각과 행동에 많은 영향을 끼치며, 춤이나 노래, 놀이, 건축물, 종교 등 다양한 방법으로 표현된다.

3. 문화가 다르면 서로의 생각과 행동이 다를 수 있다.

4. 음식을 먹을 때, 한국은 숟가락과 젓가락을 사용하고, 인도는 오른손을 사용하며, 미국은 포크와 나이프를 사용한다.

5. 힌두교는 소를 신성하게 생각하기 때문에 쇠고기를 먹지 않고, 이슬람교는 돼지를 혐오하기 때문에 돼지고기를 먹지 않는다. 이렇게 종교에 따라서도 문화가 다르다.

6. 서양에서는 용을 나쁜 동물로 생각하여 인간을 괴롭히는 사악한 동물로 묘사한다.

7. 한국에서는 까마귀를 좋지 않은 새라고 생각하여 싫어하는 문화가 있고, 일본에서는 복을 가져다주는 새로 생각하여 좋아하는 문화가 있다.

8. 친구들의 생활 모습을 조사해 보면 친구들의 생각, 나의 생활과 다른 점, 나의 생활과 비슷한 점 등을 알 수 있다.

2. 변화하는 전통 의례

p.94 (1) **의례 문화** ★★

① 뜻 : 사람들이 생활 속에서 중요하게 여기는 때에 특별한 형식에 맞추어 하는 일들

⟶ 예) 탄생, 결혼, 사망 등

② 오랜 세월에 걸쳐 만들어지고 시대에 따라 변함.

③ 종류 : 돌잔치, 성년식, 결혼식, 장례식, 제사 등

* 우리나라 전통 의례의 특징 ★

① 형식을 매우 중요하게 생각함.

② 절차가 매우 복잡함.

③ 지역의 자연환경에 따라 차이

⟶ 의례에 사용되는 음식, 의복, 의례의 순서

p.95 (2) **돌잔치** ★★★

⟶ 아기가 태어난 지 일 년이 되는 첫 생일에 여는 잔치

구분	옛날	오늘날
장소	주로 집	큰 식당, 연회장 등
모이는 이들	가족, 친척, 동네 사람들	가족, 친척, 친구, 직장 동료 등
상차림	백설기, 수수경단 등	케이크, 플래카드 등
돌잡이	붓, 실, 책, 활 등	연필, 마이크, 청진기, 돈 등
공통점	덕담 건네기, 아기가 원하는 일을 하게 되길 바람.	

(차이점)

＊돌잡이에 담긴 뜻 ★★

→ 아기가 돌잡이 물건 중에 하나를 고르면
　그것과 관련된 일을 할 것이라고 생각함.
　예) 붓, 연필 → 학자
　├ 청진기 → 의사
　└ 실타래 → 오래 삶. (장수)

＊돌잔치를 하는 까닭 ★★

→ 옛날에는 의학이 발달하지 않아 태어난 지
　얼마 되지 않아 죽는 경우가 많았음. 그래서
　일 년 동안 건강하게 잘 자라면 이를
　축하하기 위해 돌잔치를 열었음.

p.96~97

(3) 혼례 (결혼식) ★★★

→ 남자와 여자가 여러 사람들의 축복 속에 새
　가정을 이루는 의례

구분	옛날	오늘날
장소	신부 집 안마당	예식장, 교회, 야외 등
옷차림	·신랑: 옛날 벼슬아치의 옷	주로 서양식 예복
	·신부: 궁중 의식에 쓰이던 옷	(양복, 드레스, 꽃다발)
중요 물건	나무 기러기	결혼 반지
혼례 후 하는 일	신부 집에서 며칠 머문 후 신랑 집으로 감. (신랑-말, 신부-가마)	어른들께 폐백을 드리고 신혼 여행 떠남.

✳ 결혼식의 변함 없는 의미 ⭐⭐

　　→ 부부가 오랫동안 행복하게 살기를 바라며,

　　결혼을 소중한 일로 여기고 엄숙하게 예절을 지킴.

✳ 나무 기러기의 의미 ⭐⭐⭐

　　→ 신랑이 백년해로(부부가 되어 서로 사이좋게 함께

　　늙어감.)를 약속한다는 의미로 나무 기러기를

　　신부의 어머니께 드림.

　　[기러기] 한 번 인연을 맺은 짝과 평생을 함께

　　　　　한다고 함.

✳ 폐백

　　→ 신부가 처음으로 시부모를 뵐 때 올리는 대추나 포 등

p.98 (4) 장례 ⭐⭐⭐

　　→ 사람이 죽으면 치르는 의식

	옛날	오늘날
상복	삼베옷, 건, 짚신 등	삼베옷 또는 검은색 옷(양복)
묘지	조상의 무덤이 있는 곳	공동묘지, 납골당, 수목장
기간	5일 또는 7일	보통 3일
장례 후	산소 옆에 움막을 짓고 3년 동안 시묘살이 함.	1년이나 49일 만에 상을 다 치르고 상복을 벗음.
운반	상여	영구차

＊ 요즘 화장이나 수목장이 늘어나는 까닭 ★★★

→ 묘지를 관리하기 힘들고, 묘지를 만들 땅이 부족하기
때문

＊ 장례식의 변함 없는 모습 ★

→ 돌아가신 분을 정성껏 받들고, 자손이나 친척,
이웃들이 함께 슬퍼함.

`p.99` (5) 제례 ★★★

→ 조상께서 돌아가신 날과 명절에 지내는 의식

	옛 날	오 늘 날
제사상	여러 가지 음식을 장만	간소하지만 정성껏 마련
절차	자정(밤 12시) 이후에 지내고, 까다롭고 절차 복잡	가족이 모이는 저녁에 지내고, 종교나 집안에 따라 절차 다름. (기독교-기도, 불교-불공)

＊ 제례의 변함 없는 모습과 의미 ★★

→ 경건한 마음으로 조상들을 기리며 예절 지킴,
제사가 끝나면 가족끼리 함께 음식을 나누어 먹으며
이야기를 나눔.

p.100 (6) 마을 제사 ★★

① 마을 사람들이 함께 지냄.

② 마을의 조상신이나 수호신에게 마을의 풍요와 안녕을 기원함.

③ 대표적인 마을 제사 ★★★

- 산신제 ┌ 산신에게 마을의 풍요와 마을 사람들의
　　　　　　건강 기원
　↓
주로 농촌　├ 마을 사람들이 신성하게 여기는 장소에
　　　　　　정성껏 준비한 음식을 차려놓고 나쁜 기운을
　　　　　　몰아내는 의식을 함.
　　　　　└ 제사가 끝나면 마을 사람들이 함께 어울려
　　　　　　흥겨운 놀이판을 벌이고, 음식을 나누어 먹음.

- 풍어제 ┌ 어부들이 무사히 고기를 많이 잡아 오고,
　　　　　　마을이 평안하기를 기원
　↓
어촌　　├ 땅이나 배 위에서 춤과 노래를 곁들인
　　　　　　굿을 함.
　　　　　└ 행사 : 마을 돌면서 굿하기, 용왕 신에게
　　　　　　　　　제물을 바치는 굿하기, 띠배 띄우기 등

➡ 산신제와 풍어제는 각각 마을의 자연환경에
　따라 차이를 보임.
　(산신제는 산에서, 풍어제는 어촌에서 지냄.)

p.101

＊ 은산 별신제 진행 순서 ★★

① 풍물패가 돌면서 나쁜 기운을 없애는 굿을 함.

② 병사들의 행군, 장승을 만들 나무 자르기, 제단에 놓을 꽃을 받드는 행사 진행

③ 꽃과 음식을 제단에 올리고 제사를 지냄.

④ 마을의 복을 점치고, 마을의 안녕을 비는 굿을 함.

⑤ 마을의 동서남북에 장승을 세움.

→ 억울하게 죽은 사람의 넋을 위로하고
마을의 풍요와 평화를 기원하는 마을 제사

p.103

＊ 전통 의례와 관련한 기타 사항 ★

① 아기가 태어나면 (금줄을) 걸어 놓은 이유는?

→ 아기가 태어난 것을 알리고, 나쁜 기운이 집 안으로 들어오지 못하게 하려고
(남자 아기 - 빨간 고추, 여자 아기 - 숯, 흰 종이)

② 성년이 되면 머리를 묶어 (상투를) 튼 이유는?

→ 성인임을 알리기 위해 (어른과 아이 구분 위해)
나이가 어려도 결혼을 하면 상투를 틀어 어른 대접

③ 옛날 결혼식 때 (궁중 의상을) 허용한 이유는?

→ 대부분의 서민은 출세하거나 관리가 되기 어려운데, 혼인은 일생의 가장 중요하고 큰 일이므로 이를 특별히 여겨 궁중 의상을 입고 혼례를 치르도록 허용함.

④ 결혼식 때 (국수)를 먹는 이유는?

→ 옛날에는 국수가 <u>귀한 음식</u>이어서 특별히 그 날 먹음,

음식 가운데 길이가 가장 길어 신랑 신부가 <u>오래</u>

<u>함께 살기를 기원하는 뜻</u>

⑤ 장례 때 (삼베) 등으로 만든 옷을 입은 이유는?

→ 삼베로 만든 옷은 초라하고 볼품이 없는 편인데,

장례 때 이런 옷을 입음으로써 살아생전의

불효와 <u>부모님을 돌아가시게 한 불효를</u> 뉘우치기

위해

* 새로운 모습의 결혼식

예 수중 결혼식, 스카이다이빙 결혼식

→ 장점 : 매우 특별한 결혼식이므로 잊지 못할

추억이 됨.

→ 단점 : 여러 가족과 친구들의 축하를 받기 어려움.

2. 변화하는 전통 의례

1. 조상들의 전통 의례는 오늘날과 달리 형식을 중요하게 생각했고, 절차도 매우 복잡하였으며, 지역의 자연환경에 따라 의례에 사용되는 음식이나 의복, 의례 순서 등도 달랐다.

2. 옛날에는 돌잔치를 집에서 했는데 오늘날에는 보다 많은 사람들의 축하도 받고 돌잔치 준비도 손쉽게하기 위해 큰 음식점에서 한다.

3. 옛날과 비교하여 오늘날에는 화장이나 수목장이 늘어나고 있는데, 그 이유는 묘지를 만들 땅도 부족하고 묘지를 관리하기 힘들기때문 이다.

4. 옛날과 오늘날 제례 모습에서 찾아볼 수 있는 비슷한 점은 조상을 공경하는 마음이 변함없다는 것이다.

5. 옛날 결혼식은, '집안 어른들이 혼인을 약속하기 → 결혼식 날짜 잡기 → 신부 집에 함 보내기 → 신랑이 말을 타고 신부 집으로 가기 → 초례청에 들어가식 올리기 → 신부 집에서 며칠을 머문 후 신랑집으로 가기' 순이었다.

6. 옛날 결혼식에서 신랑은 사모관대를 하고, 신부는 족두리와 원삼을 했는데, 이렇게 궁궐에서 입는 옷차림을 한 까닭은 결혼식을 매우 중요하게 생각하여 특별한 의미를 주기 위해서이다.

7. 옛날 제사는 밤 12시가 넘은 후에 지냈고, 남자만 참가하였으며, 음식을 많이 차렸다.

8. 우리 조상들이 장례와 제례를 중요하게 여긴 까닭은 효 사상을 중요하게생각 하였는데, 조상님을 잘 모시는 것도 효도 라고 생각했기 때문이다.

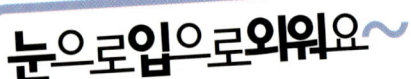

3. 세계 여러 나라의 명절과 기념일

p.106 (1) 명절과 기념일 조사

① 조사 방법 : 달력, 책(백과사전), 인터넷, 우리 나라

및 다른 나라의 대사관과 문화원

② 조사 내용 : 대표적인 명절과 기념일의 종류, 날짜,

유래, 하는 일, 먹는 음식, 즐기는 놀이, 의미

p.107 (2) 우리나라의 명절 ★★★

① 설
- 날짜 : 음력 1월 1일
- 하는 일 : 차례, 세배
- 음식 : 떡국
- 놀이 : 윷놀이, 연날리기
- 의미 : 새해맞이

② 한식
- 날짜 : 4월 5일경
- 하는 일 : 차례, 성묘
- 음식 : 찬 음식
- 의미 : 조상의 뜻을 기림.

③ 단오
- 날짜 : 음력 5월 5일
- 하는 일 : 창포물에 머리 감기
- 음식 : 수리취떡, 제호탕
- 놀이 : 그네 뛰기, 씨름
- 의미 : 풍년 기원

④ 추석
- 날짜 : 음력 8월 15일
- 하는 일 : 차례, 성묘
- 음식 : 송편, 햇과일
- 놀이 : 가마싸움, 강강술래
- 의미 : 수확과 조상에 대한 감사

⑤ 동지
- 12월 22일경, 팥죽 쑤어 먹기

p.108 (3) 우리 나라의 (기념일) ★★

⤷ 국가가 특정한 날을 정하여 온 국민이 기념

① (현충일)

   ┌ 날짜 : 6월 6일

   └ 의미 : 나라를 위해 목숨을 바친 분들을 기림.

② (광복절)

   ┌ 날짜 : 8월 15일

   └ 의미 : 일본의 식민지에서 벗어나 나라 되찾은 것 기념

③ (삼일절)

   ┌ 날짜 : 3월 1일

   └ 의미 : 일제에게 저항한 3·1 운동을 기념

④ (어린이날)

                                      *어버이날 - 5월 8일

   ┌ 날짜 : 5월 5일

   └ 의미 : 어린이의 인격을 존중하고 행복을 도모하기 위함.

⑤ (개천절)

                                   → 우리 민족의 첫 나라

   ┌ 날짜 : 10월 3일

   └ 의미 : 한민족의 시조인 단군이 <u>고조선</u>을 세운 것을 기념

⑥ (한글날)

   ┌ 날짜 : 10월 9일

   └ 의미 : 세종대왕의 한글 창제를 기념하고, 한글을

          보급·연구하는 일을 장려하기 위함.

(4) 세계 여러 나라의 명절과 기념일 ★★★

	이름, 시기	의미	음식, 놀이	하는 일
중국	춘절 (음 1.1)	중국의 가장 큰 명절로, 가족의 화목과 행복 기원	· 만두 · 사자놀이 · 폭죽놀이	· 고향 방문 · 제사 · 세배
	중추절 (음 8.15)	풍년을 감사하고 가족의 화합 기원	· 월병	· 고향 방문 · 달에 제사 · 달구경
일본	오봉절 (8.15)	가족 화합과 성묘	· 두 가지 국과 다섯 가지 채소 요리 · 봉오도리 춤추기	· 고향 방문 · 조상께 제사 · 부모님께 선물
미국	추수감사절 (11월 넷째 주 목요일)	수확에 대한 감사와 가족에 대한 화목	· 칠면조 요리 · 호박 파이 · 옥수수 빵 · 장난감 행진	· 고향 방문 · 가족이 함께 모여 식사
러시아	성 드미트리 토요일 (11.8 직전 토요일)	전쟁에서 전사한 사람들을 추모함과 동시에 추수 감사의 의미	· 햇곡식으로 만든 음식	· 조상께 성묘 · 새들에게 햇곡식 던져 주기
베트남	뗏 (음 1.1)	새해를 맞이하여 가족의 평안과 행복 기원	· 떡, 술, 과일 · 불꽃놀이 · 수박 썰기	· 집안 청소 · 고향 방문 · 세배, 손님맞이

✻ 설과 비슷한 명절 : 춘절, 뗏   (성 드미트리 토요일)

✻ 추석과 " : 중추절, 오봉절, 추수감사절,

p.110

✳우리나라와 세계 여러 나라의 명절과 기념일 비교 ⭐

① 비숫한 점
- 수확과 조상에 대한 감사
- 가족 간의 사랑과 화합 표현

② 다른 점
- 명절을 지내는 시기
- 먹는 음식
- 즐기는 놀이

✳우리나라 명절의 특징 ⭐

- 풍년 기원
- 나, 가족, 마을 사람들의 건강 기원
- 월별, 계절별로 다양한 명절
  → 음식, 놀이, 행사도 다양

3. 세계 여러 나라의 명절과 기념일

1. 우리나라의 대표적인 명절로는 설, 추석, 단오, 한식 등이 있다.

2. 우리나라 명절 때 하는 일로는 고향 방문, 특별한 음식 장만, 집에서 차례 지내기, 성묘하기, 가족의 건강 기원하기, 가족끼리 놀이 즐기기 등이 있다.

3. 동지에 팥죽을 먹는 이유는 붉은색을 귀신들이 싫어하는 색이라 여겨 팥죽을 먹으면 나쁜 기운을 몰아낼 수 있다고 믿었기 때문이다.

4. 정월 대보름에 호두, 땅콩, 잣 등의 부럼을 먹는 이유는, 일 년 동안 부스럼이 나지 않고 이가 튼튼하도록 기원하기 위해서이다. 그리고 풍년을 기원하며 밤에 쥐불놀이를 한다.

5. 우리의 설과 같은 외국의 명절에는 중국의 춘절, 베트남의 뗏 등이 있다.

6. 우리나라와 세계 여러 나라의 명절과 기념일의 비슷한 점은 수확과 조상에 대한 감사, 가족 간의 사랑을 표현하는 점이다.

7. 우리나라와 세계 여러 나라의 명절의 다른 점은 명절을 지내는 시기, 먹는 음식과 즐기는 놀이 등이다. 이는 자연환경과 문화, 역사가 다르기 때문이다.

8. 농촌에서 힘든 모내기 후 어울려 놀던 데서 유래한 명절로, 남자들은 씨름, 여자들은 그네뛰기를 즐겼던 명절은 단오이다.

9. 러시아의 성 드미트리 토요일과 우리 추석의 비슷한 점은 가족과 친척이 모여 햇곡식으로 만든 음식을 먹고, 조상님께 성묘하는 것이다.

4. 서로 배우고 존중하는 문화

p.112 **(1) 문화적 편견** ★★★

　①뜻 : 다양한 문화 속에서 어느 한쪽의 문화만
　　　　옳다고 생각하는 것

　② 문화적 편견을 없애려면 서로 다른 문화를 배우고
　　존중하는 마음가짐으로 생활

　③ 다른 문화의 좋은 점을 받아들여 배우고 존중해야
　　우리 문화를 더욱 발전시킬 수 있음.

p.114 **(2) 여러 나라의 다양한 문화 조사**

　① 인터넷으로 검색하기

　② 면담하기

　③ 나라별 대사관·문화원 방문하기

　④ 여러 나라의 전통 음식점 방문하기

　⑤ 도서관에서 자료 찾아보기

p.115 **(3) 에티켓** ★★

　① 문화의 한 종류

　② 뜻 : 그 사람이 살고 있는 사회에서 지켜야 하는
　　　　기본적인 예절

　③ 나라마다 에티켓이 다름.

　④ 에티켓을 지키지 않으면 실례가 되므로 지켜야 함.

＊ 여러 나라의 에티켓 ★

- 우리나라는 어버이날에 부모님께 카네이션 달아 드림.
- 프랑스는 카네이션을 장례식 때 사용
- 미국과 영국은 백합을 장례식 때 사용
- 우리나라는 붉은색으로 이름 쓰면 싫어함.
- 티벳 사람들은 인사를 할 때 친근함의 표시로
  자신의 귀를 잡아당기고 혓바닥을 길게 내밈.
- 공공장소에서 다른 사람에게 피해를 주는 행동을
  하지 않음. → 세계 공통의 에티켓

p.116 (4) 여러 나라의 문화 체험 ★★

① 신발
- 아프리카에서는 더운 날씨에 어울리는 샌들 신음.
- 미국 인디언들은 추운 날씨를 견디기에 좋은
  가죽으로 만든 모카신 신음.
- 아프리카 모로코 사람들은 눈이나 비가 내리지
  않는 사막 활동에 편한 바브슈 신음.
② 인도에서는 설이나 결혼식처럼 기쁜 날에 손등이나
  팔에 헤나 문양을 그림.
③ 인도의 전통 음식 카레

4. 서로 배우고 존중하는 문화

1. 문화를 접할 때 어떤 문화에 대해 좋거나 싫다는 등의 한 쪽으로 치우친 생각을 문화적 편견이라고 한다.

2. 문화적 편견이 나타난 이유는 우리 문화만 옳고 우수하다고 생각하기 때문이다.

3. 다른 문화에 대한 편견을 버리고, 다른 문화의 좋은 점을 받아들여 배우고 존중하는 마음가짐으로 생활해야한다.

4. 우리나라에서 음식을 먹을 때 숟가락을 사용하는 이유는 국이나 찌개 등 뜨거운 국물이 있는 음식이 발달했기 때문이다.

5. 전 세계 어디서나 똑같이 지켜야하는 에티켓으로는 시간 약속 지키기, 대중교통 이용할 때 차례 지키기, 쓰레기를 아무데나 버리지 않기, 웃어른을 보면 먼저 인사하기 등이 있다.

6. 에티켓을 지켜야하는 이유는, 에티켓을 지키지 않으면 예의 없는 사람이 될 수 있고, 상대방에게 불쾌감을 줄 수 있고, 실례가 될 수 있기 때문이다. 에티켓은 법으로 정해져 있는 것은 아니다.

7. 나라마다 신발, 옷 등이 다른 이유는 자연환경이 다르고 오랫동안 생활해 온 생활 방식, 즉 문화가 다르기 때문이다.

8. 여러 나라의 문화를 체험하면 다른 나라의 문화를 존중하는 마음을 기를 수 있고, 그 나라 문화의 특성도 알 수 있다.

사회 교과서
알짜 낱말풀이

사회 교과서를 읽을 때 이해하기 어려운 어휘들이 많이 나올 거예요. 낱말풀이

사전을 보면서 뜻을 알아보세요.

※ 낱말은 가, 나, 다 순으로 정리되어 있습니다.

ㄱ

- **가마** : 한 사람이 안에 앉고 두 사람 또는 네 사람이 들고 다니는 조그만 탈것
- **강강술래** : 해마다 음력 8월 추석날 밤에, 부녀자들이 수십 명씩 일정한 장소에 모여 손에 손을 잡고 원형으로 늘어서서, 노래를 부르며 빙글빙글 돌면서 뛰노는 놀이
- **갯배** : 섬마을 또는 바다로 나누어진 마을을 이어 주는 이동 수단으로, 사람이 직접 선을 끌어 움직임.
- **견학** : 학생들이 단체로 공장이나 방송국, 박물관 등에 직접 가서 보고 배우는 활동
- **고속 국도** : 주요 도시를 잇는 자동차 전용 도로
- **고속 철도** : 전용 철도를 따라 한 시간에 200km 이상의 빠른 속도로 움직이는 오늘날의 이동 수단으로, 우리나라에서는 KTX라고도 함.
- **공공 기관** : 고장 사람들이 생활하면서 생기는 문제를 해결하고, 편리한 생활을 할 수 있도록 나라나 고장에서 만든 기관
- **공원** : 주로 도시에서 숲과 잔디밭, 그 밖의 여러 가지 시설을 마련하여 사람들이 들어와 쉬거나 산책할 수 있도록 한 넓은 장소
- **공항** : 비행기가 뜨고 내릴 수 있도록 활주로 등의 시설을 갖춘 장소
- **교류** : 고장 간 문화와 생산물을 주고받으며 관계를 맺는 것
- **구청** : 구의 행정적인 업무를 맡아보는 공공 기관
- **금줄** : 옛날 사람들이 아기가 태어났을 때 이를 알리고 외부 사람들의 출입을 막기 위해 대문에 매단 것
- **기록지** : 나중에 남길 목적으로 어떤 사실을 적는 것으로, 면담 등을 할 때 준비해 가는 문서

- **납골당** : 시신을 화장한 후 유골을 그릇에 담아 모셔 두는 곳
- **널배** : 꼬막을 채취하기 위해 갯벌을 이동할 때 사용하는 널따란 판자로 만든 이동 수단
- **네티켓** : 인터넷처럼 사람들이 소식을 주고받을 수 있는 장치를 이용할 때 지켜야 하는 에티켓
- **누리집** : 인터넷 홈페이지의 순수한 우리말

- **다문화 가정** : 오늘날 우리나라 사람과 외국 사람이 결혼하여 꾸리는 가정
- **단오** : 예로부터 조상들이 농촌에서 모내기를 끝내고 나서 마을 사람들 모두가 모여 음력 5월 5일, 씨름이나 그네뛰기를 하면서 즐겼던 날
- **달구지** : 소나 말이 끄는 짐수레
- **답사** : 유적지나 명승지 등 조사할 대상이 있는 곳에 직접 찾아가 살펴보는 활동
- **답사 보고서** : 답사 장소, 답사 날짜, 답사자, 답사 내용 및 방법, 느낀 점 등의 답사 후 수집된 자료를 정리하여 작성한 글
- **대중교통** : 버스나 택시, 지하철처럼 여럿이 함께 이용하는 이동 수단
- **대형 마트** : 오늘날 의식주에 필요한 것을 구하기 위해 가는 곳으로, 많은 물건을 다른 곳보다 저렴한 가격에 판매하는 대형 유통 업체
- **뗏** : 베트남에서 음력 1월 1일에 새해맞이와 가족의 행복을 기원하며 지내는 명절로, 우리나라의 설과 비슷함.
- **뗏목** : 통나무를 가지런히 엮어서 물에 띄워 사람이나 물건을 운반할 수 있도록 만든 것

- **도로** : 사람이나 승용차, 버스, 트럭 등이 다닐 수 있도록 만들어 놓은 비교적 넓은 길
- **도시** : 정치, 경제, 문화의 중심이 되는 지역으로, 사람들이 많이 모여 사는 곳
- **동지** : 일 년 중에 밤이 가장 길고 낮이 가장 짧은 날로, 팥죽을 쑤어 먹는 명절
- **돌잔치** : 아기가 태어나고 맞는 첫 번째 생일을 축하하기 위해 여는 행사
- **돌잡이** : 첫돌에 돌상을 차리고 아이로 하여금 마음대로 골라잡게 하는 일

□

- **마을 제사** : 마을의 조상신이나 수호신에게 마을의 풍요와 안녕을 기원하는 전통 제례
- **면담** : 서로 만나서 직접 얼굴을 맞대고 이야기를 나누는 활동으로, 영어로 인터뷰라고도 함.
- **명절** : 예로부터 계절에 따라 의미 있는 날을 정해 놓고 기념하는 날로, 특별한 음식이나 놀이를 함께 즐기면서 조상을 섬기고 가족 및 마을 주민들과 화합을 다지는 날
- **모노레일** : 험한 산간 지역에서 물건이나 사람의 이동을 돕는 이동 수단
- **모카신** : 추운 겨울 날씨를 견디기에 좋은 가죽으로 만든 신으로, 미국의 인디언들이 신는 신발
- **목재** : 건축이나 가구 등을 만드는 데 쓰이는 나무로 된 재료
- **문화** : 나라나 지역, 시대에 따라 서로 다양한 모습으로 나타나는 생활

방식

- **문화생활** : 예술적인 활동을 즐김으로써, 질적으로 보다 아름다운 삶을 살 수 있도록 해주는 생활

- **문화 센터** : 백화점이나 공공 기관에서 운영하며, 주민들의 여가 및 문화생활을 위한 다양한 프로그램을 제공하는 곳

- **문화적 편견** : 어떤 문화에 대해 좋거나 싫다는 등의 한쪽으로 치우친 생각

ㅂ

- **백화점** : 한 건물 안에 여러 가지 상품을 부문별로 나누어 진열하고 판매하는 대규모의 종합 상점으로, 교통이 편리한 곳에 위치한 건물

- **보건소** : 공공 기관 중 몸이 아플 때 진료를 받거나 예방 주사를 맞을 수 있는 곳

- **봉수** : 밤에는 횃불, 낮에는 연기를 올려 국가의 긴급 사태를 연락하던 옛날의 통신 제도

- **부럼** : 정월 대보름에 한 해 동안 부스럼이 일어나지 않고 이가 튼튼하라는 의미에서 깨물어 먹는 땅콩, 호두, 잣 등을 통틀어 이르는 말

ㅅ

- **사모관대** : 조선 시대 관리들이 일을 할 때 입던 옷으로, 사모는 관리가 쓰는 검은 모자, 관대는 벼슬아치가 입던 복장을 말함. 결혼식 때에는 신분이 낮은 평민들도 이 옷을 입었는데, 결혼식 때 만큼은 신랑이 높은 벼슬아치처럼 귀한 존재가 되라는 의미가 담겨 있음.

- **사이버 박물관** : 인터넷에서 이용할 수 있는 박물관으로, 실제 박물관의

전시물에 대한 사진, 설명 등을 볼 수 있게 해 놓은 누리집

- **사전 조사** : 본 조사에 앞서서 미리 실험적으로 실시하는 조사 활동
- **산지촌** : 목재, 버섯, 벌꿀 등의 생산물이 나는 고장
- **상여** : 옛날에 사람이 죽었을 때 시신을 묘지까지 옮기는 데 사용한 도구
- **상호 의존** : 우리 고장과 다른 고장이 자원 및 상품들을 서로 주고받으면서 돕고 의지하는 것
- **생산지** : 원료나 제품이 만들어진 곳
- **설(설날)** : 음력 1월 1일로, 새해를 맞이하는 첫날
- **수단** : 어떤 목적을 이루기 위한 방법이나 도구
- **수목장** : 근래에 들어 등장한 장례 풍습으로, 시신을 화장한 뒤 뼛가루를 나무뿌리에 묻는 자연 친화적 장례 방식
- **수수경단** : 찰수수 가루를 익반죽하여 삶아 찬물에 헹군 후 콩가루나 팥고물을 묻힌 떡
- **시묘살이** : 옛날에 부모님이 돌아가시면 자식이 탈상을 할 때까지 3년 동안 묘소 근처에 움집을 짓고 산소를 돌보던 일
- **시청** : 시의 행정적인 업무를 맡아보는 공공 기관
- **신혼 여행** : 오늘날 결혼식이 끝난 후 신랑, 신부가 함께 가는 여행

- **약초** : 약의 재료로 쓰이는 풀
- **어촌** : 생선, 미역, 조개, 소금 등의 생산물이 나는 고장
- **에티켓** : 그 사람이 살고 있는 사회에서 지켜야 할 기본적인 예의범절
- **여가 생활** : 일과 공부에서 벗어나 자유로운 시간을 즐기는 생활

- **열기구** : 커다란 주머니 안에 있는 공기를 데워 공중에 띄우는 비행기구
- **영구차** : 시체를 넣은 관을 묘지까지 운반하는, 장례에 쓰는 특수 차량
- **예방 주사** : 전염병을 예방하기 위하여 약을 주사기에 채워 직접 몸속에 흘러 들어가도록 넣는 주사
- **용** : 중국이나 우리나라에서는 신비롭고 신성한 동물로 여겨지지만, 영국에서는 인간을 괴롭히는 사악한 동물로 취급받는 상상 속의 동물
- **우주 왕복선** : 미국의 디스커버리호와 같이 반복하여 사용할 수 있는 우주선
- **운하** : 배가 이동하거나, 농사짓는 땅에 물을 대기 위해 육지에 파놓은 물길
- **월병** : 밀가루를 주재료로 하여 팥과 말린 과일을 넣어 구운 과자로, 중국의 추석인 중추절에 즐긴 음식
- **의** : 외투, 바지, 속옷 등 우리 몸을 보호하기 위해 입는 옷
- **의례** : 사람들의 생활 속에서 중요하게 여기는 때에 특별한 형식이나 예법에 맞추어 하는 일
- **의식주** : 사람이 살아가는 데 꼭 필요한 입는 옷과 먹는 음식, 사는 집을 의미함.
- **의사소통** : 사람들끼리 서로 생각이나 정보, 감정을 주고받는 것
- **의사소통 수단** : 생각이나 소식을 주고받는 수단
- **일반 국도** : 나라에서 관리하는 도로의 하나로 중요 도시와 항만, 비행장, 관광지 따위를 이어주는 도로
- **은산 별신제** : 억울하게 죽은 사람의 넋을 위로하고 마을의 풍요와 평화를 기원하던 충청남도 부여군 은산 지방의 마을 제사
- **이동** : 물건 등을 움직여 옮기거나, 사람이나 동물이 움직여 자리를

바꾸는 것

- **이동 수단** : 사람이나 물건을 멀리 떨어진 곳으로 이동시키려고 할 때 이용하는 것
- **이슬람교** : 알라(신)를 믿으며, 성지 메카를 중심으로 아시아, 아프리카, 유럽 등지에 널리 퍼져 신도의 수도 무려 4억 이상을 헤아리는, 크리스트교, 불교와 함께 세계 3대 종교의 하나로 불리는 종교
- **인터넷 쇼핑** : 오늘날 의사소통 수단의 발달로 인터넷을 이용하여 물건을 구입하는 것

ㅈ

- **장례** : 사람이 죽었을 때 치르는 의례
- **재래시장** : 의식주 생활에 필요한 것을 구하러 가는 곳 중에서 오랜 옛날부터 여러 가지 물건을 판매해 온 시장
- **전자 우편** : '이메일' 이라고도 부르는 것으로 컴퓨터 통신을 이용하여 상대방에게 편지, 음악, 그림, 사진 등을 보낼 때 이용하는 것
- **정보** : 관찰이나 측정을 통해 수집한 자료를 실제 문제에 도움이 될 수 있도록 정리한 지식이나 자료
- **제례** : 조상께서 돌아가신 날과 설 같은 명절에 지내는 전통의례
- **조상신** : 자손의 보호를 맡아본다고 하는 4대조보다 더 앞선 조상들의 신
- **주** : 더위와 추위, 눈, 비, 바람 등을 막아 주는 집
- **주민 센터** : 동의 행정 사무를 맡아보는 공공 기관으로, 여러 가지 민원 서류의 발급과 더불어 문화, 체육, 교육 등의 프로그램을 제공하기도 함.
- **줄자** : 거리를 재기 위한 도구

- **중심지** : 어떤 일이나 활동의 중심이 되는 곳으로, 고장 사람들이 생활하는데 필요한 것을 구하거나 이용하기 위해서 사람들이 많이 모이는 곳
- **중추절** : 우리나라의 추석과 같은 의미의 중국 명절로, 월병이라는 명절 음식을 먹는 날
- **지역 축제** : 고장의 전통 문화와 특산물 등을 널리 알릴 수 있는, 각 지역에서 축하하여 벌이는 큰 규모의 행사

ㅊ

- **차례** : 설이나 추석 등의 명절날 낮에 조상께 지내는 제사
- **철도** : 열차가 다닐 수 있도록 만든 길
- **초례청** : 결혼식 날 신부 집 앞마당에 마련한 결혼식 장소
- **추석** : 음력 8월 15일에 조상들께 풍년에 대한 감사의 제사를 지내고 가족의 화목을 도모하는 데서 유래한 명절
- **추수 감사절** : 미국의 대표적인 명절로, 11월 마지막 주 목요일에 가족들이 모여 칠면조 요리와 호박 파이 등을 먹으며 추수에 대한 감사와 가족의 화목을 기원하는 날
- **치파오** : 중국의 전통 의상으로, 원피스 형태의 모양을 가지고 있으며 치마에 옆트임을 주어 실용성과 여성미를 강조한 옷

ㅋ

- **캠코더** : 비디오카메라로 동영상을 녹화하는 장치
- **컴퓨터 바이러스** : 컴퓨터의 정상적인 동작에 나쁜 영향을 미치거나 저장되어 있는 자료를 파괴하는 프로그램

- **택배** : 우편물이나 짐, 상품 따위를 요구하는 장소까지 직접 배달해 주는 일
- **터널** : 산, 바다, 하천 등의 밑을 뚫어 도로나 철도 등을 만들어 놓은 통로
- **터미널** : 열차, 버스 노선 따위의 맨 끝 지점, 또는 많은 교통 노선이 모여 있는 곳
- **통역** : 말이 통하지 않는 사람 사이에서 뜻이 통하도록 말을 옮겨 주는 일
- **트럭** : 각 고장을 연결해 주는 도로를 이용하여 여러 가지 물건을 이동시켜 주는 대표적인 교통수단
- **특산물** : 고장의 독특한 자연환경과 관련지어 그 지역에서만 생산되는 특별한 물품

- **파발** : 왕의 명령이나 나라의 중요한 소식을 사람이 직접 전달하던, 조선 시대에 이용하던 의사소통 수단
- **팥죽** : 우리 조상들이 일년 중 낮의 길이가 가장 짧은 날인 동짓날, 나쁜 기운을 몰아낸다는 뜻으로 끓여 마을 사람들과 나누어 먹었던 음식
- **팩시밀리** : 멀리 떨어져 있는 사람에게 그림이나 글씨를 그대로 보낼 수 있는 의사소통 수단
- **평교자** : 앞뒤로 두 사람씩 네 사람이 낮게 어깨에 메고 천천히 다녔던, 조선 시대 양반들이 타던 포장이나 덮개가 없는 가마
- **풍어제** : 어부들이 무사히 고기를 많이 잡아 오고 마을이 평안하기를 기원하는 마을 제사

- **한식** : 동지로부터 105일째 되는 날 조상의 묘를 손질하고 성묘를 하며, 차가운 음식을 먹는 명절
- **항구** : 바닷가에서 배가 안전하게 드나들 수 있도록 부두 따위의 시설을 만들어 놓은 곳
- **해저 터널** : 바다 밑으로 열차가 다닐 수 있도록 만들어 놓은 터널
- **행정 서비스** : 고장 사람들이 편리하게 생활할 수 있도록 공공 기관에서 나라나 고장과 관련된 일들을 처리해 주는 것
- **헤나** : 인도에서 설이나 결혼식 등 기쁜 날에 손등이나 팔에 그린 문양
- **현충일** : 양력 6월 6일, 나라를 위해 목숨을 바친 분들을 기리기 위한 우리나라의 기념일
- **화상 전화** : 상대방의 얼굴을 보면서 통화할 수 있는 의사소통 수단
- **휴대 전화** : 손에 들거나 몸에 지니고 다니면서 언제 어디서나 걸고 받을 수 있는 오늘날의 의사소통 수단